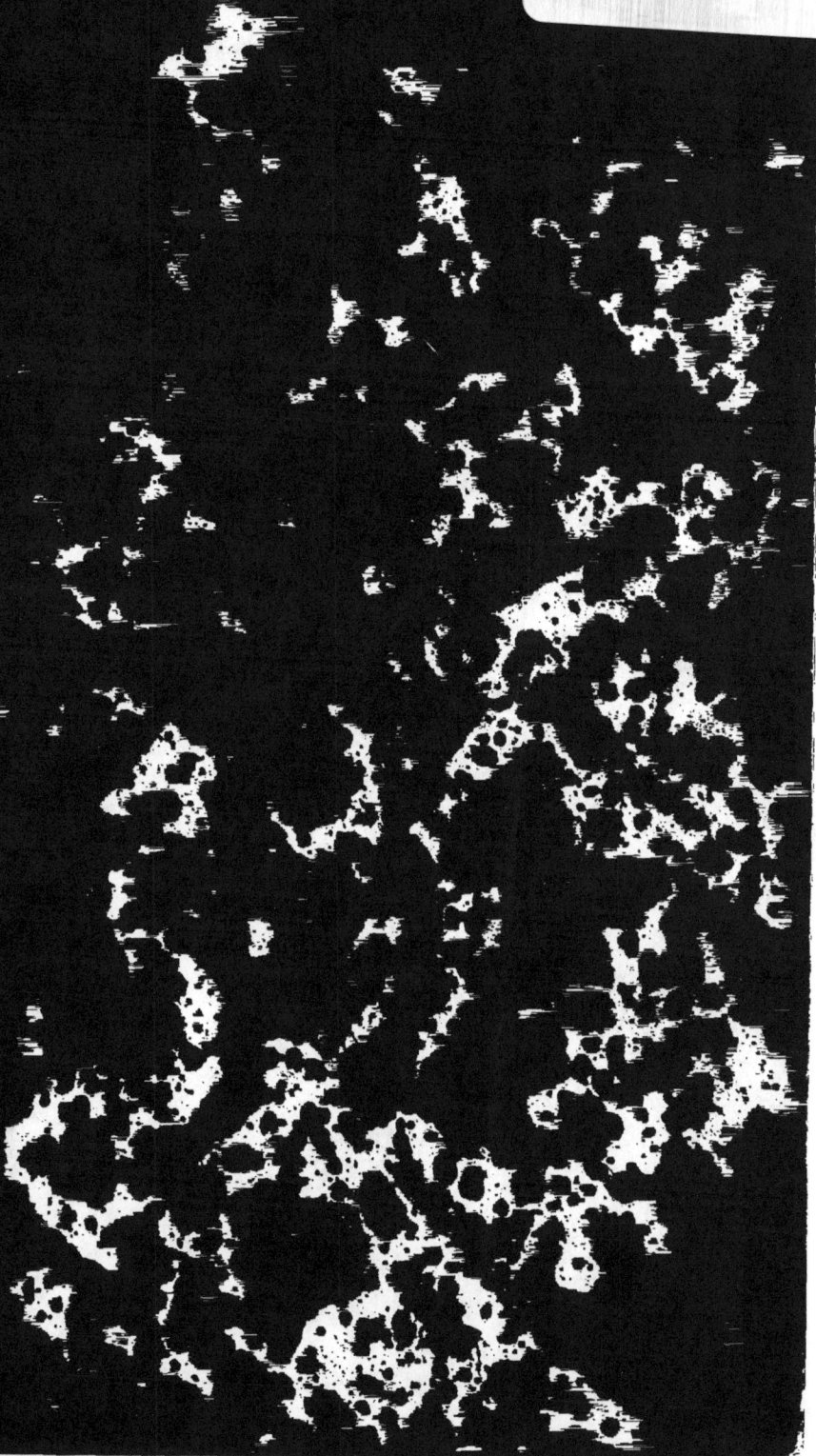

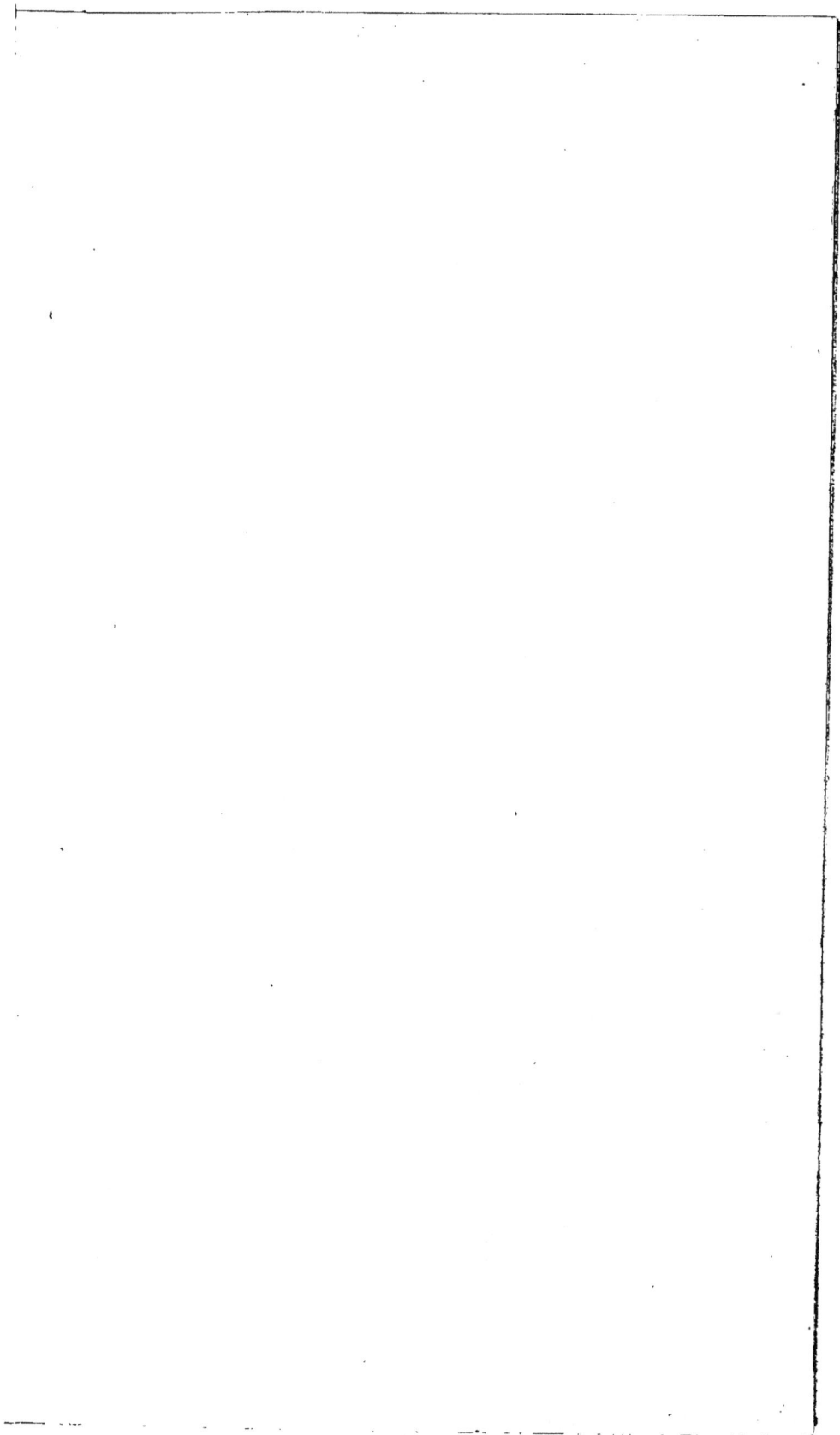

DE LA

ZOOGÉNIE

ET DE LA

DISTRIBUTION DES ÊTRES ORGANISÉS

A LA SURFACE DU GLOBE;

PAR

M. GÉRARD.

La vie est un mode de la matière.

(Extrait du *Dictionnaire universel d'Histoire naturelle.*)

PARIS,

RUE DE BUSSY, 6.

1845.

Imprimerie de BOURGOGNE et MARTINET, rue Jacob, 3o.

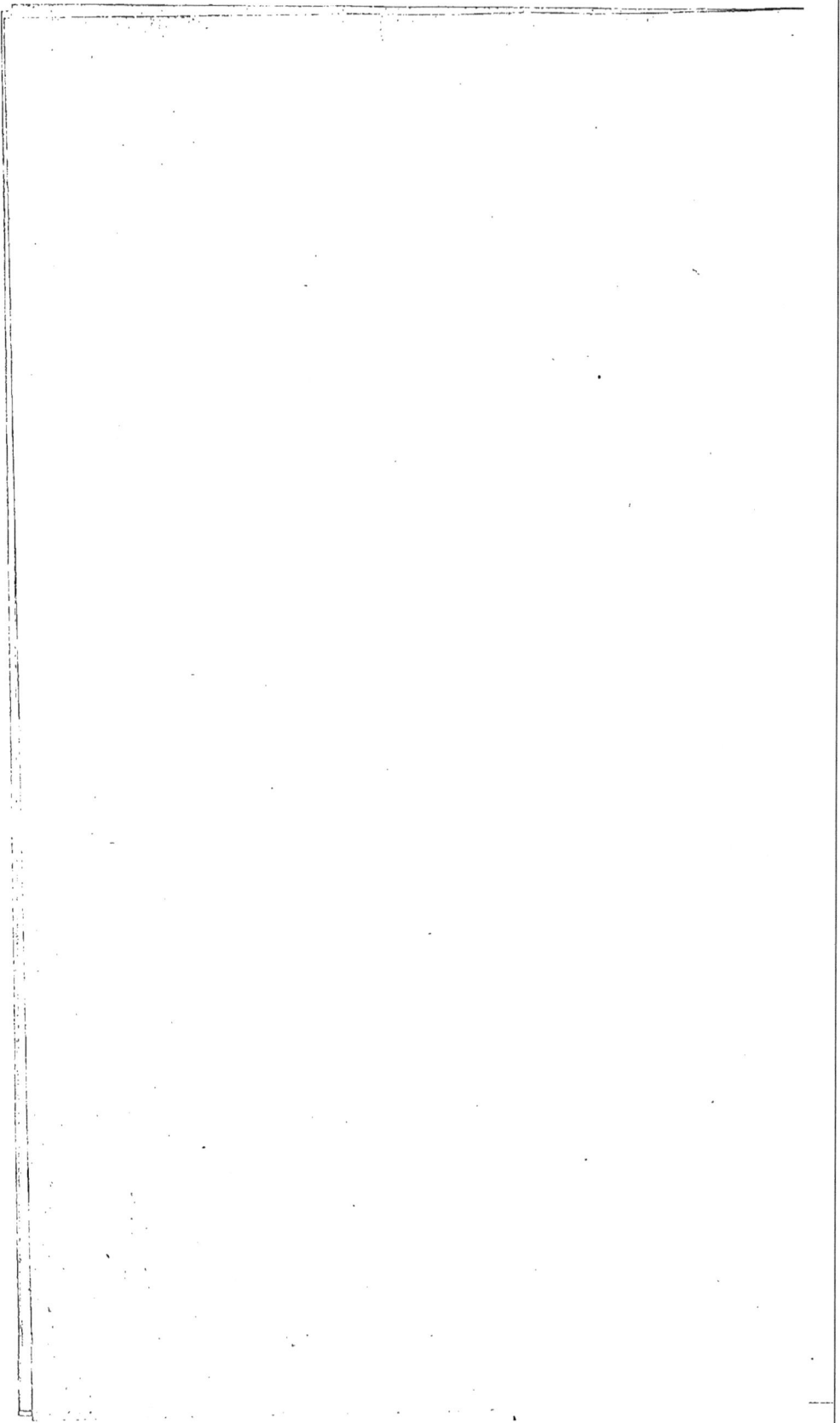

GÉOGRAPHIE

ZOOLOGIQUE,

PAR

M. GÉRARD.

(Extrait du *Dictionnaire universel d'Histoire naturelle*.)

PARIS,

RUE DE BUSSY, 6.

1845.

PARIS. — BOURGOGNE ET MARTINET,
RUE JACOB, 30.

GÉOGRAPHIE ZOOLOGIQUE.

GÉOGRAPHIE ZOOLOGIQUE. — Si la Géographie zoologique, telle que l'ont comprise les premiers auteurs, n'était qu'un simple inventaire des êtres répandus à la surface du globe, ce serait une science de chiffres, aride comme la statistique, et qui ne laisserait dans l'esprit que des nombres le plus souvent inexacts ; mais rechercher l'origine et l'histoire de l'évolution des êtres organisés, leurs rapports ou leurs dissemblances suivant la différence des centres d'habitation, voir comment les formes, gravitant entre certaines limites, se modifient suivant les temps et les lieux, ainsi que l'a fait Buffon, avec cette puissance de déduction propre aux esprits supérieurs, c'est s'élever à une hauteur véritablement philosophique. Aujourd'hui que des faits nombreux, étayant les théories, sont venus leur servir de preuve, la *Géographie organique* est devenue une des branches les plus importantes de la science, et l'on ne peut aborder ce sujet sans entrer dans des considérations rétrospectives sur l'état primitif du globe, sur les changements successifs qu'il a éprouvés, afin de montrer par quelles gradations les formes organiques ont passé pour arriver jusqu'à l'état actuel. L'histoire de l'apparition successive des organismes est donc la véritable philosophie de la science, et l'on ne peut guère aborder ce vaste sujet sans faire une excursion sur le domaine de la géologie, de la paléontologie ainsi que de la botanique, le développement des êtres ayant des rapports intimes avec celui des végétaux.

Peut-être ces considérations sembleront-elles un peu longues, bien qu'elles soient largement exposées ; mais elles étaient indispensables pour l'exposition de la théorie de l'évolution des formes organiques, afin de faire connaître comment s'est établie la vie à la surface du globe, et se sont développés les êtres qui l'habitent, depuis les temps les plus anciens jusqu'à l'époque actuelle.

En traitant une question de cette importance, et qui touche d'une manière si intime à l'essence et à l'origine des êtres et des choses, il est difficile de ne pas se trouver en contradiction avec d'autres théories, et l'on ne peut faire ici d'éclectisme puisque partant d'une base différente, on arrive nécessairement à des conséquences contradictoires. Au milieu des nuances sans nombre qui partagent les théories fondamentales, il reste toujours en présence les deux théories antagonistes : celle de la force occulte et mystérieuse qui ne se révèle que par ses actes ; et celle des forces actives de la nature, agents physiques qui sont la loi commune et universelle, et en vertu desquelles tout ce qui est immobile ou se meut, tant à la surface du globe que dans les entrailles de la terre, ressort de leur action. La conciliation entre ces deux pensées est impossible ; tout ce qu'on peut faire, en adoptant l'une ou l'autre, c'est d'éviter l'absolu, de se montrer logicien aussi rigoureux que possible et philosophe de bonne foi. Or, le caractère de la véritable philosophie est la modération, et l'appréciation des théories humaines à leur juste valeur. Les antagonistes du scepticisme rationnel, plus fougueux et plus intolérants, anathématisent tous ceux qui ne pensent pas comme eux, et leur prodiguent les épithètes les plus dédaigneuses. C'est un tort : si les vérités de l'ordre transcendant se présentaient clairement à l'esprit de tous, il n'y aurait qu'une seule pensée ; mais elles sont environnées de tant d'obscurité que toutesles théories doivent être accueillies avec une égale bienveillance : la science est une arène pacifique où chacun doit apporter l'amour de la vérité, et un esprit dégagé de tout sentiment d'orgueil. En pesant mûrement les théories, en jetant un regard vers le passé, on voit la vérité des savants de cette époque considérée de nos jours comme une erreur grossière. Quelle peut donc être la valeur d'opinions que détruit souvent un seul fait? ce sont des idées destinées à résumer les connaissances d'une époque, à les réunir entre elles par un lien commun. Le temps seul et les progrès de la science doivent faire justice des théories erronées. Quel est l'homme assez téméraire pour oser dire, dans ces questions obscures : *ceci est faux?* Où est sa certitude? Il juge et pèse avec son esprit ; affirme, croit ou doute sans plus de fondement ; et ce n'est que par une sage discussion des faits qu'on peut arriver à estimer la valeur des deux théories, entre lesquelles chacun est appelé à choisir, suivant les dispositions de son esprit, ses connaissances, ses préjugés d'éducation, ou, ce qui est pis, ses convenances. Pour l'homme de bonne foi, peu importe la théorie ; la vérité est une ; et partout où elle se trouve, il doit lui rendre hommage. J'avoue pour mon compte qu'en traitant une question si ardue, je n'ai pas la prétention d'avoir trouvé la vérité ; j'ai interprété les faits, et je les expose comme je les ai compris.

De toutes les théories qui expliquent l'origine de la terre, celle qui concorde le mieux avec les observations est celle établie par W. Herschell, et admise par Laplace, Gauss, Nichols et Whewel, qui ne voient dans notre globe qu'une *nébuleuse* planétaire, masse d'éther ou de matière cosmique, au centre de laquelle se formait un noyau solide prenant un développement de plus en plus grand, et devenant avec le temps un sphéroïde semblable aux autres corps répandus dans l'espace, et dont le nombre va toujours croissant. Mais combien a-t-il fallu de myriades de siècles pour que la terre atteignît sa forme dernière? Le nombre, s'il était connu, épouvanterait l'imagination ; pourtant, malgré le ridicule qu'on a voulu jeter sur les savants qui n'ont pas reculé devant l'accumulation des siècles, on ne peut s'expliquer les divers changements survenus dans la mince pellicule du globe qu'en en considérant le temps comme un facteur indispensable, et qui ne nous semble gigantesque qu'à cause de la brièveté de notre vie. Les mathématiciens, accoutumés à manier les nombres, n'en sont pas effrayés ; c'est ainsi que Fourier a calculé que la terre, échauffée à une température quelconque, et plongée dans un milieu plus froid qu'elle, ne se refroidit pas plus, dans l'espace de 1,280,000 années, qu'un globe de 1 pied de diamètre, et dans des circonstances semblables, ne le ferait en une seconde. Il en résulterait qu'en 30,000 années la température de la terre aurait diminué de moitié.

Ce calcul est encore bien étroit, si l'on se reporte à la fréquence des phénomènes perturbateurs dont nous trouvons tant de traces dans chacune des couches profondes du globe. En cherchant parmi les phénomènes connus ceux qui peuvent en quelque sorte servir à asseoir notre jugement sur la durée du temps, considéré comme facteur des changements survenus dans les conditions d'existence de notre planète, on peut citer comme exemple l'altération des roches les plus dures, observée et calculée par M. Becquerel. Il a trouvé que le creusement de certaines vallées du Limousin dans un sol granitique, à une profondeur de 2 mètres 30 centimètres, avait dû s'effectuer en 82,000 ans, l'altération subie par le granit d'une église bâtie depuis 400 ans ayant été de 7 millimètres.

D'autres calculs non moins ingénieux de M. Élie de Beaumont ont démontré d'une manière assez évidente qu'une végétation de 25 ans ne peut fournir que 2 millimètres de houille, ce qui donne 600,000 ans pour une strate de houille de 60 mètres d'épaisseur, maximum de puissance de certaines couches.

Les théoriciens, qui ont soumis au calcul les âges des diverses formations, ont évalué à 1 ou 2 millions d'années le temps qui s'est écoulé entre chaque cataclysme.

Comment ce noyau solidifié et jeté au milieu du tourbillon de notre système, petit globule de matière cosmique, atome luisant au soleil comme une particule de poussière, a-t-il subi les modifications qui ont modelé sa surface avant l'apparition de la vie? Quelles furent ses premières formes organiques? Comment se sont-elles éteintes pour faire place à des êtres nouveaux? Dans quel ordre ces derniers se sont-ils développés, et comment sont-ils aujourd'hui répartis à la surface du globe? Telles sont les questions qui se présentent à l'esprit du naturaliste.

Voici comment, l'hypothèse des nébuleuses une fois admise, on s'accorde à expliquer ce qui s'est passé dans ce globe nouveau. L'agrégation des particules cosmiques a, comme toutes les combinaisons chimiques, produit un développement extraordinaire de calorique; et, à la surface de la terre, s'est développé un état de conflagration et d'incandescence semblable à celui qui se voit à la surface du soleil; mais cette chaleur, au moyen de laquelle on explique la fusion des roches primitives et tous les phénomènes dits ignés, n'a pas pénétré profondément le noyau central : elle n'en a mis en effervescence que la surface, et la théorie de l'état de fusion du centre est inadmissible par plusieurs raisons : d'abord, parce que la densité du noyau étant, par rapport à celle de l'eau, : : 1 : 5, elle est supérieure à celle de l'enveloppe extérieure, qui n'est que : : 1 : 3, et que son état, non de fusion, mais de tension sous l'influence d'une température de près de 185,000 degrés de chaleur, en prenant pour base de ce calcul l'accroissement de 1 degré par 33 mètres de profondeur, produirait une chaleur sous l'action de laquelle tous les corps solides seraient mis en état de vaporisation la plus ténue; elle eût brisé en éclats la croûte du globe, mince pellicule de 12 kilomètres au plus, c'est-à-dire d'$\frac{1}{500}$ du rayon, et la terre tout entière aurait été rendue à l'espace sous forme de vapeurs. Tous les phénomènes dont nous sommes les témoins paraissent se passer dans la croûte seule; mais ses dernières limites sont inconnues.

La luminosité de notre nébuleuse dura sans doute une longue suite de siècles; et quand toute incandescence eut cessé, quand les premières périodes de refroidissement furent passées, la terre se contracta, et il se versa à sa surface une couche de vapeur humide condensée qui forma les eaux. Il faut encore combattre une idée qui vient de notre microscopisme, c'est l'épaisseur de la couche profonde des eaux : si l'on se rendait compte du rapport des eaux, dont la plus grande profondeur est de 10 kilom. (car la profondeur moyenne est seulement de 3,200 à 4,800 mètres), avec la partie solide du globe, on verrait que si elles en couvraient la surface dans toutes ses parties, cette profondeur équivaudrait à 1 mill. d'eau sur un globe de 1 mètre de diamètre, 10,000 mètres étant la 1273e partie du diamètre de la planète terrestre; c'est donc, comme on le voit, une couche d'eau bien mince. A l'époque de leur précipitation, les eaux couvrirent toute la surface du globe, et ce ne fut que plus tard qu'en se retirant elles découvrirent les terres sèches; c'est sans doute aux cavités qui s'approfondissent au fur et à mesure que le refroidissement s'accroît qu'on doit attribuer la diminution successive de l'espace envahi par les mers. Mais une autre cause de diminution à laquelle j'ai pensé depuis bien longtemps, c'est qu'à mesure que les organismes se succèdent, il entre dans la composition intime de leurs tissus ou de leurs enveloppes une certaine partie de fluide aqueux qui se solidifie et diminue la masse totale des eaux. Cette hypothèse, que j'appuyais sur le fait de la diminution successive des marais, et sur la formation des îles madréporiques qui ont jusqu'à 100 brasses de profondeur, paraît avoir été plus nettement confirmée par la diminution des eaux dans le lac de Genève et dans le lac Supérieur sans qu'on remarque ailleurs d'inondation. Quant à l'exhaussement de la Baltique, c'est ici une élévation du sol qui en deverse les eaux sur les côtes prussiennes.

A quelle cause sont dues les couches successives qui se sont formées à la périphérie du globe? c'est ce qu'il est également intéressant d'examiner, puisque nous trouvons des traces de la vie organique à des profondeurs telles qu'il faut que les couches qui les recouvrent soient venues de quelque part. Toutes les formations inférieures non stratifiées, cristallisées plus ou moins confusément, et paraissant porter des traces dè l'action ignée, sont contemporaines des premiers âges du globe ; les suivantes, stratifiées et fossilifères, sont dues sans doute au métamorphisme des roches profondes, c'est-à-dire à l'action chimique et réciproque des corps les uns sur les autres, incessamment modifiées par tous les agents ambiants, et au remaniement des mêmes éléments par des révolutions dues le plus souvent à l'action des eaux ; ce qui explique assez bien l'enfouissement des corps organisés dans les couches les plus profondes.

Ce serait ici le lieu d'examiner la théorie des soulèvements et celle des affaissements, aujourd'hui en présence, si ce travail, uniquement destiné à servir de prolégomènes à des recherches sur la distribution des êtres à la surface du globe, ne m'empêchait d'aborder une question qui exige de longs développements. Je me bornerai à dire qu'il paraît évident que les montagnes sont dues plutôt à la contraction de la croûte terrestre par suite de son refroidissement graduel ou de la condensation de ses éléments constituants, phénomène qui se reproduit dans tous les corps en état de liquéfaction fluide ou ignée, plutôt qu'à une série de soulèvements qui se rapportent à une cause cosmique d'un ordre moins normal, et obéissant à des lois qui paraissent moins régulières. Ces plissements de la surface de l'écorce terrestre rendent un compte assez satisfaisant de l'inclinaison des couches qui entrent dans la structure de la charpente des montagnes, et l'on y retrouve au moins une loi régulière. Mais cependant on ne peut se refuser à voir dans certaines boursouflures, dans l'irruption de quelques portions de terre, l'effet de l'action des vapeurs élastiques renfermées dans les couches moyennes de l'écorce du globe ; ce que prouvent, pour prendre des exemples de notre époque, les soulèvements de Valladolid au Mexique, l'éruption de l'île qui surgit près de Terceire en 1720, celle de l'île Julia, il y a une dizaine d'années, et qui n'a eu qu'une existence éphémère ; les soulèvements de Valparaiso, l'exhaussement bien constaté de la Péninsule scandinave, la formation des îles voisines de Santorin, etc., tous faits qui prouvent en faveur de cette hypothèse. Il n'y aurait dans cette théorie qu'un seul point qui pût être de quelque intérêt dans la question qui m'occupe : je veux parler des modifications apportées dans les phénomènes organiques à la surface des terres exhaussées, lorsque leur élévation est assez grande. Quant aux deux causes, elles sont donc concomitantes ; toutes deux ont agi presque simultanément, mais la première paraît la plus rationnelle, et je la considère comme le phénomène dominateur. Il faut y ajouter encore l'action incessamment modificatrice des eaux, des vents, et de tous les agents météorologiques qui changent molécule à molécule le modelé de la surface du globe, et, avec le cours des siècles, amène des changements notables dans la configuration de l'ensemble.

Une seconde question d'une importance non moindre, est celle du refroidissement successif de la terre. Il est évidemment démontré, par les traces d'organismes qui se présentent de toutes parts dans les régions boréales, que la température générale ou partielle du globe a dû être tropicale sur les points aujourd'hui couverts de glaces éternelles ; nous avons même des preuves convaincantes du refroidissement de la terre par l'abaissement de la température, depuis le x⁰ siècle, en Islande et au Groënland, et par l'envahissement successif des glaces qui ont stérilisé des contrées couvertes de bois il y a peu de siècles. Et ce qui prouve que l'idée de modifications dans la climature est répandue dans tous les esprits, même les plus incultes, c'est que les vieux Russes de Sibérie, d'après Isbrand Ides, disent que « les Mammouths ne sont autre chose que des Éléphants, quoique les dents que l'on trouve soient plus épaisses et plus serrées que celles de ces derniers animaux. Avant le déluge, disent-ils, le pays était fort chaud, et il y avait quantité d'Éléphants, lesquels flottèrent sur les eaux jusqu'à l'écoulement, et s'enterrèrent ensuite dans le limon. Le climat étant devenu très froid après cette grande catastrophe, le limon gela, et avec lui les corps d'Éléphants, lesquels se conservent dans la terre sans corruption jusqu'à ce que le dégel les découvre. » Aux causes généralement admises de refroidissement de la planète elle-même, et peut-être aussi de la diminution de l'intensité de la puissance calorifique du soleil, soit par suite d'un changement dans la densité de l'atmosphère, soit par la déperdition de sa substance comburante, vient s'ajouter une hypothèse encore bien controversée, celle de déplacements dans l'axe de rotation du globe terrestre, qui ont dû produire des oscillations modifiant à chaque fois la climature et le rapport des terres et des eaux.

Parmi les grandes causes de perturbations, on a plus d'une fois signalé la rencontre des comètes, considérée par Laplace comme une hypothèse très probable. De nos jours, on est à plusieurs reprises revenu sur l'influence de ces corps errants, et l'on ne peut guère s'expliquer d'une manière satisfaisante les changements survenus dans la climature générale et particulière, sans admettre un changement dans l'inclinaison de la terre sur son axe, et d'une rapidité tantôt accélérée, tantôt ralentie dans sa rotation; et l'on n'arrive à une uniformité dans la température moyenne sur tous les points du globe qu'en admettant que l'équateur terrestre ait été perpendiculaire à l'écliptique. Or, les calculs de probabilité relatifs à la rencontre de notre planète par une comète dont John Herschell a admis un nombre de plusieurs millions, et dont 3 passent chaque année en moyenne dans notre système, semblent corroborer cette opinion. Elle a été combattue, d'une manière plus ingénieuse que solide, par un homme dont la parole fait autorité dans la science, seulement, sans doute pour rassurer les esprits timorés, ce sont des mensonges à l'usage du peuple. La théorie du choc des comètes, comme cause d'un changement dans l'axe de la terre et dans la rapidité de son mouvement giratoire, est cependant, il faut l'avouer, l'hypothèse qui explique le mieux ces mouvements d'oscillation des eaux, et ces changements brusques auxquels tant d'êtres ont dû leur enfouissement instantané. La probabilité d'un choc n'a rien au fond qui doive tant épouvanter, car ce n'est qu'une cause de destruction de plus ajoutée à celles qui nous entourent; et, pénétrons-nous bien de cette idée : c'est qu'atomes imperceptibles disséminés sur un grain de poussière, nous ne comptons pas plus que lui, et que son existence, au milieu des myriades de globes qui peuplent l'espace, est de nulle importance.

Quels phénomènes se sont produits à la surface du globe sous le rapport organique, les seuls qui puissent nous intéresser dans cette question ? C'est ce qu'il est important d'étudier, en cherchant à étayer la théorie par les faits acquis de science certaine. On reconnaît évidemment que, par l'effet du refroidissement, il s'est opéré dans le globe, exubérant de vie sur tous les points, aux premières époques organiques, des modifications qui ont successivement limité la vie suivant l'état des lieux, et ont fini par l'éteindre aux limites extrêmes que couvrent des terres glacées ; puis si, comme tout le paraît prouver, le phénomène continue, le refroidissement va toujours étrécissant le cercle des manifestations vitales.

Les divers changements qui ont dû s'opérer dans les deux règnes sont proportionnels à la somme de plasticité résultant de l'évolution vitale du globe. Il s'agit donc de rechercher le mode d'évolution des formes organiques qui justifient, je le pense, la proposition que j'ai établie dans mon article sur la Génération spontanée : c'est que *la vie est un mode de la matière*.

La question de l'apparition des organismes est divisible en trois parties : l'origine des êtres, leur ordre de succession et la transformation des types.

Ces trois questions sont controversées ; mais la première, dont dépendent toutes les autres, celle de l'origine des êtres, est une des plus obscures, quelle que soit l'interprétation qu'on donne aux faits connus. Pourtant il me semble découler une certaine lumière de cette observation, que je n'ai encore trouvée consignée nulle part, c'est celle de l'évolution des organismes animaux et végétaux au sein d'un liquide provenant soit de l'eau pluviale, soit d'une infusion. Si l'on se reporte à l'article sur les *Générations spontanées*, on remarquera que le milieu, en s'organisant (et tout le procédé organisateur consiste dans l'action des agents impondérables sur la matière organisable qui sous leur influence prend cette forme première qu'on appelle la vie), voit naître et s'éteindre des générations d'êtres de plus en plus complexes, tels que des *Bacterium*, des Monades, des Trichodes, des Protées, des Vibrions, des Plœsconies, etc., sans pour cela qu'on puisse suivre la transformation des organismes primitifs pour s'élever jusqu'aux plus complexes. Quand le liquide a perdu sa plasticité, les générations élevées redescendent, et dès que le règne végétal, l'antagoniste du règne animal, a pris le dessus, la vie animale disparaît, et les végétaux, simple matière verte d'abord, s'élèvent jusqu'aux Conferves, sans qu'on puisse, à travers ces modifications ascendantes, suivre les transformations que subissent les végétaux les plus simples pour s'élever à des formes complexes. Pourquoi cette loi des infiniment petits ne serait-elle pas applicable aux organismes supérieurs, et pourquoi la plasticité inexplicable des liquides ne serait-elle pas la loi universelle? Certes, la loi des transformations, encore obscure, paraît l'explication la plus plausible de l'évolution organique; avec cette modification que, plus la vie est répandue à la surface du globe et plus les stations ont varié, plus la diversité des êtres s'est accrue; mais il faut admettre comme corollaire que chaque grand type animal, Radiaire, Mollusque, Articulé, Poisson, Reptile, Oiseau, Mammifère, ou végétal, Acotylédone, Monocotylédone et Dicotylédone, est le produit d'un mode spécial d'agrégation de la matière organique s'évoluant en vertu d'une loi dont l'intensité organisatrice suit une progression numérique, avec ascendance dans les formes générales, et que les variations que présente chaque grand type sont des jeux qui se sont opérés dans son cercle particulier d'activité.

L'origine des organismes étant expliquée par une série de métamorphoses de la cellule primitive, il reste à jeter un coup d'œil sur la succession des êtres qui se développent dans un ordre régulier de progression depuis la première apparition de la vie, en passant des formes simples aux composées. L'erreur de ceux qui combattent cette théorie avec bonne foi, je n'entends pas parler des systématistes, vient d'un point de vue erroné, fondé sur certaines idées jetées dans la science sous une forme trop absolue : on a voulu voir dans la succession des êtres une série linéaire rigoureuse procédant dans un ordre, pour ainsi dire, numérique, et l'on a trouvé avec raison que cette donnée est inexacte. Voici la théorie qui résulte de l'étude des débris organiques enfouis dans les profondeurs du sol : c'est que les conditions d'existence propres à l'apparition d'êtres de tel ou tel ordre n'ont

pas existé simultanément, et que les évolutions successives ne sont autres que des formes organiques correspondant à l'état des circonstances ambiantes. Avec des milieux semblables au milieu actuel, les formes actuelles se fussent développées, et l'obstacle à leur apparition a dépendu de l'état dans lequel se trouvaient la terre, les eaux, l'atmosphère, ce qui fait qu'il y a eu autant de périodes différentes qu'il y a eu de modifications telluriennes qui sont inhérentes à la vie de la planète elle-même. Si l'on considère les groupes en détail en prenant un à un chaque être pour trouver son ordre d'évolution d'une manière conforme aux idées qui nous sont enseignées par nos méthodes, on a tort; car rien n'empêche la simultanéité d'existence des végétaux cellulaires et vasculaires, des invertébrés et de vertébrés, si les conditions dynamiques de notre globe ne s'opposaient pas à leur développement; mais il faut voir de grands groupes; il faut embrasser dans leur ensemble toutes les classes, et l'on y trouvera une preuve de la théorie de la succession des êtres avec une modification dans les formes et dans un ordre ascendant. Il y a en présence deux opinions : l'une veut que les êtres, créés sans autres précédents organiques, aient, après chaque anéantissement complet, par suite des révolutions survenues à la surface du globe, passé avec leurs formes nouvelles par de nouvelles créations. Les faits contredisent cette première opinion : car l'évolution des organismes animaux et végétaux, en passant par grands groupes du simple au complexe, paraît assez évidemment démontrée, et l'on est autorisé à douter de la réalité de périodes intercalaires entièrement inorganiques. L'autre veut que les formes animales ou végétales, nées d'organismes dus originellement à une force organisatrice inhérente à chaque corps planétaire, se soient transformées les unes dans les autres, et que, dans la double série animale et végétale, les molécules organiques se groupant dans un certain ordre sous l'influence des modificateurs ambiants, se soient élevées successivement du simple au composé, en répétant à chaque période de leur évolution les différentes formes primitives par lesquelles elles ont dû passer pour arriver à leur état de développement complet. Cette théorie, dont j'ai présenté la modification plus haut, en admettant que les organismes sont le produit de la puissance plastique de la terre elle-même, et que chaque type a sa loi ascendante, puis, dans sa sphère d'activité particulière, obéit à la même loi d'évolution, cette théorie, beaucoup plus satisfaisante que la précédente, a eu pour principe des idées folles et ridicules dont les naturalistes modernes ne peuvent être solidaires. Il est de toute évidence que si vous jetez une Fauvette dans un étang elle n'y deviendra pas Goujon, non plus que la Carpe accrochée à un arbre ne se changera en Rossignol. Robinet écrivit pourtant un livre fort divertissant sur cette idée ; mais il écrivait à une époque où la Paléontologie n'existait pas, où la Géologie consistait en quelques théories rattachant tant bien que mal l'un à l'autre des faits épars et souvent mal observés, et de plus, Robinet n'était pas naturaliste. Toutefois sa théorie, grossièrement formulée et ridiculement exposée, n'en est pas moins rationnelle quand on compare les uns aux autres les divers êtres de la double série, et qu'on voit se développer graduellement les différentes parties de l'organisme jusque dans ses divisions les plus subtiles en se déroulant comme une spirale immense, dont le premier anneau comprend les êtres les plus simples, la première molécule vivante flottant entre les deux séries et immobile comme végétal, douée de spontanéité comme animal ; puis à chaque tour de spire les appareils se compliquant jusqu'à devenir le Singe ou l'Homme ou bien l'Acacia ou le Chêne.

Sans abandonner son esprit aux rêveries fantastiques, on peut admettre l'évolution graduelle des êtres et des formes dont on retrouve l'idée dans chaque être à l'état embryonnaire, et passant dans son évolution par différents états qui, dans les êtres supérieurs, répondent presque toujours à l'état de développement complet d'un être appartenant à un degré inférieur de la série.

Il y a donc, dans la nature organique, développement ascendant des formes dans les types qui s'évoluent dans chaque groupe, du simple au composé, évolution qui se répète dans chaque petit groupe en particulier, et se retrouve jusque dans l'individu. En suivant dans la série végétale toutes les manifestations organiques, on voit des végétaux cellulaires Agames, des végétaux vasculaires Cryptogames, des Monocotylédones et des Dicotylédones vasculaires et phanérogames ; des spores en bas, produites sans doute par une exubérance vitale, puis en haut des sexes distincts et séparés, un ovaire recevant une graine qu'il nourrit et qui reproduit à son tour un être nouveau. Dans chaque groupe en particulier on peut suivre l'évolution ; certes, entre l'*Uredo* et l'Agaric ou le Bolet, en passant par la série interminable des Protées microscopiques jetés entre eux comme autant d'anneaux intermédiaires, il y a ascendance ; il y a ascendance dans les Algues, les Lichens, les Hépatiques, les Mousses, les Fougères, etc., et cette évolution est évidente. Cette loi, facile à suivre dans les Monocotylédones, l'est moins dans les Dicotylédones ; mais cette question, encore neuve sous le rapport de l'étude des évolutions, s'éclaircira si, au lieu de prendre chaque groupe appelé famille et de le considérer isolément, on embrasse l'ensemble du groupe général. Ici l'ascendance n'a plus lieu de genre à genre ; car les genres ne sont que les jeux d'un type, mais de groupe à groupe. Ainsi, entre les Cypéracées, les Graminées, les Joncacées dénuées de feuilles, avec leurs fleurs en écailles, et les Liliacées, il y a ascendance. Ces dernières plantes ne sont-elles pas encore pourvues de feuilles graminiformes ? et à des enveloppes florales nulles, écailleuses, herbacées, et à peine distinctes par leur apparence textulaire du reste de la plante, succède une enveloppe florale colorée le plus souvent d'une manière très brillante ; mais cette enveloppe est encore simple ; c'est un périanthe, et non encore une fleur complète, dont les deux éléments sont le calice et la corolle. Et quoi de plus semblable à un *Lolium* monstrueux que le Glaïeul avant l'épanouissement de ses fleurs ? Dans les Dicotylédones, il en est de même ; mais l'ascendance échappe plus souvent, car les types prennent un caractère plus arrêté, il est vrai, dans leurs formes fondamentales, et le jeu des organes est si varié, il y a tant de modifications des mêmes formes, qu'on y suit avec plus de peine l'ordre d'évolution ascendante. La Diclinie, qui semblerait le plus haut degré de perfection auquel puisse atteindre le végétal, se retrouve dans des plantes qui ne présentent, sous le rapport du développement floral, aucune supériorité. Pourtant cette distinction des sexes l'emporte sur l'hermaphrodisme, et nos botanistes s'accordent à placer les Amentacées et les Urticées au commencement des Dicotylédones, et ils terminent la série, les uns par les Papilionacées, d'autres par les Composées; enfin tout dans cette classe montre l'incertitude des méthodistes. Ici l'idée systématique est en désaccord avec la théorie de l'évolution organique; car dans les Monocotylédonées, les Palmiers, chez lesquels on trouve la Diœcie, sont à la fin de la classe et ferment la série. La loi de l'évolution se reproduit ensuite dans chaque famille où l'être le plus complet est nécessairement celui qui réunit tous les organes qui entrent dans la composition du végétal, et le moins complet, celui qui en est dépourvu. Ainsi, dans chaque groupe : Crucifères, Ombellifères, Composées, Papilionacées, Caryophyllées, etc., groupes essentiellement naturels, on retrouve l'ascendance, quoique vaguement encore, il faut l'avouer, et dans les Papilionacées, les Acacies dépourvus de corolles, sont inférieurs aux Robinia, qui ont les caractères normaux de la famille ; dans chaque genre nombreux en espèces, cette loi doit se retrouver encore. Quant à ces petites familles insignifiantes, à ces genres formant autant de petits groupes distincts, ce sont des jeux de l'organisme qui ne préjudicient en rien à la loi générale.

Les animaux présentent la loi d'ascendance bien plus évidemment encore ; et un simple coup d'œil sur la série le prouvera surabondamment : en passant des Infusoires aux Radiaires, de ceux-ci aux Mollusques, et en remontant à travers la série des invertébrés jusqu'au sommet des vertébrés, les appareils se compliquent, et chaque fonction n'ayant le principe aucun appareil fonctionnel distinct, acquiert un perfectionnement graduel et vient à posséder son organe spécial ; puis, dans chaque groupe aussi, les mêmes principes se retrouvent, et certes, le Céphalopode est bien au-dessus de l'Acéphale: seulement, il faudrait, pour établir l'ordre d'ascendance, faire des études sérieuses, en se plaçant à ce point de vue. Les Insectes, les Poissons, les Oiseaux, les Mammifères sont dans le même cas; l'Ammodyte est bien au-dessous du Cyprin ou de la Perche; le Sphénisque ne peut rivaliser avec l'Aigle dans la série et dans le groupe des Palmipèdes, ni avec l'Oie ni avec le Canard. Le Rumiant est moins complexe dans ses formes avec ses pieds ensevelis dans un sabot, que le Digitigrade ; et celui-ci l'est moins que le Quadrumane, qui, à son tour, l'est moins que l'Homme.

Ainsi les formes s'enchaînent, non pas sans hiatus et avec une continuité rigoureuse, mais avec une dégradation évidente des formes. Comment et pourquoi ces organismes de transition, si ce n'étaient des jeux du procédé organisateur, qui, dans l'évolution des êtres, jette des rameaux divergents à droite et à gauche, variations qui servent quelquefois de jalon, d'autres fois sont sans nuls précédents et forment comme autant de cœcums dans la série, mais ne préjudicient pas pour cela à la loi générale et ne peuvent rien contre la théorie? Il est évident que la vie une fois établie a continué de se dérouler avec une régularité mathématique, et que les organismes sont le résultat des influences produites par les divers états du globe; jamais tous les êtres vivants n'ont été détruits partout et d'un seul coup; ils se sont seulement transformés et ont produit des êtres conformes aux nouvelles conditions d'existence au milieu desquelles ils se trouvaient. Les modifications qui se passent sous nos yeux, et changent assez les êtres pour les rendre même méconnaissables, nous semblent si peu profondes que nous doutons des métamorphoses ; mais admettons ce que concèdent tous les géologues : c'est que les principes destinés à l'entretien de la vie étaient essentiellement différents, et nous verrons si les organismes actuels y résisteront. Si l'atmosphère saturée d'acide carbonique, au lieu d'en renfermer une quantité si peu considérable qu'on ne le fait pas même entrer en compte dans la composition de l'air, était formée de proportions inverses de nitrogène et d'oxygène, que la pression atmosphérique fût décuple, que les conditions chimiques des modificateurs ambiants et des agents de la vie fussent exagérées, que la chaleur, la lumière, l'électricité présentassent d'énormes dissemblances, il est évident que la plupart des vertébrés terrestres périraient, que beaucoup de dicotylédones disparaîtraient, et que quelques animaux ou quelques végétaux, échappés à la destruction, s'accommodant de ce nouveau milieu, se modifieraient suivant les circonstances, et deviendraient des organismes appropriés à leurs nouvelles conditions d'existence. On n'a, dit-on, rien trouvé de semblable dans les couches du globe; mais notre zoologie fossile, à part quelques restes bien conservés, est encore fort douteuse, et nous ne faisons que commencer l'inventaire de nos richesses paléontologiques. On devrait, d'après la théorie, dire des genres transformés et non éteints; mais on n'a pas encore poursuivi cette idée à travers les organismes : seulement, on cherche le plan et l'unité du type primordial bien démontré pour les vertébrés, vrai pour les invertébrés dans toute la série. Toutefois, il faut reconnaître quatre modifications du type primitif : 1° les animaux simples et presque amorphes chez lesquels le système nerveux est douteux; 2° ceux chez lesquels se présente un centre nerveux placé au milieu du corps, et autour duquel rayonnent les organes; 3° les animaux impairs, comme les Mollusques inférieurs; les Annélides, qui semblent commencer la série des animaux présentent un axe longitudinal avec des filets nerveux jetés à droite et à gauche, sans pour cela que le corps soit appendiculé; 4° puis, dans les types supérieurs des invertébrés et dans tous les vertébrés, des animaux doubles formés de deux parties accolées l'une à l'autre, et présentant l'homologie des formes dans leurs appendices thoraciques et pelviens. Ces types fondamentaux dérivent-ils d'une forme génératrice? je le suppose; mais ils ont obéi à une loi de développement qui s'est spécialisée dans ses manifestations : aussi peut-on compter quatre modifications du type fondamental. Le règne végétal est également établi sur quatre plans, qui ne sont que le jeu d'un type unique incessamment remanié.

Les êtres sont donc des modifications successives de ce type unique, en vertu d'une loi et par des procédés organisateurs qui nous sont inconnus. Comme de toutes les théories c'est celle qui répugne le moins à l'intelligence, et que, sans rendre un compte rigoureusement satisfaisant des phénomènes, elle concorde le mieux avec les faits, c'est celle que j'ai adoptée; elle

a l'avantage d'élever l'esprit, et d'exciter l'émulation d'arriver plus haut dans la connaissance des lois de l'organisme.

Le malheur de la science, c'est que le géologue n'est ni botaniste, ni zoologiste, et que quand il aborde ces graves questions, il n'y peut pas apporter l'esprit philosophique de l'homme qui a consacré sa vie à l'étude des lois de l'organisme; mais qui lui-même n'est pas géologue et dédaigne à son tour les études phytologiques. C'est sur les études générales seules que peuvent s'établir les théories; car il ne faut voir dans les théories d'une époque qu'une explication plus ou moins heureuse des vérités découlant des faits connus; et la condition la meilleure pour établir une théorie est de connaître le plus de faits possibles de tous les ordres. Or, ces faits connus, étudiés, appréciés avec sagacité, ne sont pas encore des garanties absolues de la vérité des théories; ce sont des degrés de certitude plus ou moins plausibles, et qui conduiront peut-être à une certitude plus grande.

C'est à l'organogénie de nous révéler en détail ces grandes lois. Ma tâche est de présenter le tableau de la succession des êtres, et l'état actuel de la vie à la surface du globe.

Pour compléter les preuves à l'appui de la théorie que j'établis, je vais passer en revue la succession des apparitions organiques à la surface du globe. Bien convaincu que ce n'est pas par une considération étroite des formes individuelles qu'on arrive à la confirmation de cette grande loi, mais par un coup d'œil large sur l'ensemble des organismes, je suivrai dans ce développement l'ordre géologique, en faisant toujours marcher parallèlement les formes végétales et les formes animales.

Les périodes évolutives peuvent être classées sous sept chefs principaux :

1° Époque primitive anorganique et organique primordiale.

2° — carbonifère.
3° — jurassique.
4° — crétacée.
5° — tertiaire.
6° — alluviale.
7° — moderne.

Malgré les recherches que j'ai faites pour rendre ce travail aussi complet qu'il est possible, je n'espère pas être arrivé à une certitude absolue ; je ne fais que poser un jalon que d'autres reculeront.

ÉPOQUE PRIMITIVE ANORGANIQUE ET ORGANIQUE PRIMORDIALE. Quand les phénomènes qui accompagnèrent les premiers âges du globe furent accomplis, que la diminution de la chaleur causée par l'ignition eut permis aux diverses roches en fusion de se cristalliser, et aux divers métaux ainsi qu'aux pierres précieuses dont la formation remonte sans doute à la même époque, de s'agréger, ce qu'on reconnaît dans les roches granitiques et porphyriques qui contiennent de l'Or natif, de l'Argent (surtout les roches porphyriques), de l'Étain, du Cuivre, du Fer, du Mercure et de l'Émeraude, du Corindon, du Grenat, de la Topaze, etc., il s'effectua, sous l'influence de la condensation des vapeurs répandues dans l'atmosphère, et peut-être aussi d'une pression considérable de la colonne d'air, un commencement de travail métamorphique qui désagrégea les roches primitives ; et à des masses confuses succédèrent des strates régulières, quoique souvent tourmentées. Les eaux apparues pour la première fois à la surface du globe déposèrent les roches suspendues dans leur sein, et il s'opéra dans cet immense laboratoire des combinaisons d'une prodigieuse variété. A travers les fissures qui se formaient dans la croûte encore mince du globe, se glissèrent des substances sublimées ; ce fut alors que des filons métallifères et des pierres précieuses vinrent se déposer sous des formes variées dans le gneiss et le micaschiste, au milieu desquels s'infiltrèrent des masses souvent considérables de roches injectées, telles que les protogynes, les granites, les syénites, les porphyres, etc. Aux formations gneissiques et micaschisteuses succédèrent des strates de schistes argileux formant l'étage inférieur des terrains stratifiés, et contenant déjà moins de métaux et de minéraux, quoique ce soit à ce groupe qu'appartiennent les riches mines d'Étain de Cornouailles, etc.: des filons de porphyre viennent encore les traverser. Au-dessus de ces terrains soumis à toutes les influences métamorphiques, se formèrent les argiles schisteuses, les calcaires argileux, les grès carbonifères, etc., contenant dans leur partie inférieure du Plomb, quelques minéraux, et des roches injectées, granitiques, porphyriques et syénitiques.

Tout prouve jusqu'à l'évidence que les substances inorganiques précédèrent les corps organisés ; et ce ne fut sans doute que quand le premier travail qui forma les gneiss et les micaschistes eut cessé, qu'apparut la vie à la surface du globe. On a déjà constaté, dans les couches profondes des terrains de transition, des végétaux inférieurs et des animaux primitifs. Il ne faut pas s'étonner de la présence d'Infusoires dans les terrains anciens ; leurs conditions d'organisation leur permettent non seulement de vivre dans tous les milieux actuels, mais les rendent encore propres à subir des conditions d'existence très variables. Ainsi, une atmosphère chargée d'acide carbonique ou de composition différente de ce qu'elle est aujourd'hui et une température élevée leur conviennent parfaitement, car leur organisation comporte tous ces changements : aussi les conditions ambiantes sont-elles pour eux d'une moindre valeur que pour les autres êtres ; ils sont plus propres qu'eux à traverser les âges sans que leurs modifications organiques soient nombreuses et variées ; c'est ainsi que M. Quekett a signalé la similitude d'Infusoires trouvés à l'état vivant dans les mers du Nord, d'où les rapporta le capitaine Parry, attachés à quelques Zoophytes, et de ceux trouvés à l'état fossile, par M. Rogers, à 6 mètres de profondeur, dans les terrains sur lesquels s'élève la ville de Richmond.

Les terrains de transition ou terrains schisteux correspondent à un état déjà avancé d'organisation ; et dans l'étage supérieur de la formation des schistes argileux, ardoisiers, etc., se trouvent d'assez nombreux débris animaux et végétaux.

Le règne végétal y est représenté par des plantes appartenant à la famille des Équisétacées et des Lycopodiacées, tels que les Stigmaria et les Calamites. Ces formes n'étaient sans doute pas seules ; mais il paraît évident qu'à cause de la fragilité de leur structure, les autres, uniquement composées de tissu cellulaire, périrent sans laisser de traces, ce que prouve la présence de débris animaux déjà nombreux, tels que des Zoophytes et des Brachiopodes, dont la nourriture est sans doute végétale. A la fin de cette période, dans l'étage supérieur de la formation dite silurienne, on trouve dans les calcaires, outre des Polypiers, appartenant aux genres *Cyathophyllum*, *Catenipora*, *Encrine*, etc., des Térébratules, des Trilobites, des Orthocères, des Productus, des Nautiles, quelques Crustacés, tels que l'*Asaphus Buchii*, le *Calymene Blumenbachii*, etc.; on y trouve même quelques poissons qui, en remontant vers l'étage supérieur, augmentèrent en nombre dans les genres, et en variété dans les espèces. On voit que les eaux, qui couvraient sans doute toute la surface du globe, nourrissaient déjà des animaux nombreux et tous aquatiques; et il convient surtout de remarquer que l'évolution organique, dont la durée a, sans doute, été d'une longue suite de siècles, a dû avoir lieu dans le sein des types eux-mêmes, et qu'il n'est pas nécessaire que les animaux passent par la classe entière des Mollusques pour devenir Crustacés ou Poissons. Le milieu, en s'organisant, acquiert une plasticité plus grande, et l'ascendance des formes, qui répond à la puissance d'organisation du milieu, s'effectue en vertu de la loi d'évolution; de telle sorte qu'il n'est pas de milieu particulier sans formes organiques spéciales : et plus la vie se propageait, plus les organismes augmentaient en nombre, car la vie est à elle-même son élément générateur. Tous les êtres vivent aux dépens les uns des autres; et plus la vie est facile, plus les populations se pressent et s'augmentent.

Époque carbonifère. Aux argiles schisteuses et aux calcaires argileux qui forment l'étage supérieur des terrains de transition, succédèrent les terrains dont l'ensemble est désigné sous le nom général de terrains carbonifères, et qui se composent de plusieurs étages, tels que le vieux grès rouge, les calcaires carbonifère et de montagne, et la formation houillère recouverte par les terrains triasiques. La surface du globe encore couverte d'eau, mais déjà devenue irrégulière par suite de son refroidissement, laissait seulement surgir çà et là des îles de terre sèche, assez grandes pourtant pour contenir des masses d'eau douce courante ou stagnante. Un des traits principaux de cette période, c'est que le règne végétal y domine, ce qu'on attribue à la plus grande proportion de l'acide carbonique contenue dans l'atmosphère. Cette considération est en outre fondée sur la rareté des animaux destinés à respirer l'air dans son état de composition naturelle. Pourtant les insectes trouvés dans les houillères de Coalbrookdale indiqueraient que la vie des Articulés était alors possible; mais l'état de conservation des végétaux enfouis dans les couches profondes du globe semble, d'un autre côté, indiquer qu'ils n'étaient pas soumis à l'action dissolvante de l'oxygène.

Sans m'arrêter plus longtemps à ces considérations purement géologiques, j'insisterai particulièrement sur le développement des organismes à la surface du globe. On y verra, dans les différents étages de ce terrain, se développer les formes et s'accroître le nombre des espèces des genres déjà existants, ce qui indique que les milieux étaient différents, puisque les espèces ne sont que des jeux ou des variations du type, suivant les influences ambiantes; d'autres, impropres à vivre dans le milieu qui s'était formé pendant le cours de cette longue période, avaient déjà disparu, et l'organisme, fidèle à la loi d'évolution, montre des formes nouvelles dans l'ordre ascendant.

Il n'est pas sans intérêt de suivre les manifestations organiques sous leur double forme à travers les divers âges de cette période. *Végétaux.* Ce sont d'abord des Conferves et des Algues; parmi les Équisétacées, les Calamites nombreux en espèces sont les formes dominantes. Les Fougères, comptant plus de vingt genres, sont représentées surtout par les *Sphenopteris*, les *Pecopteris*, les *Nevropteris* et les *Sigillaria*, et le nombre des espèces que renferme chacun de ces genres est très considérable; le *Pecopteris* seul en offre plus de soixante-dix. Toutes ces espèces sont-elles bien rigoureuses? j'en doute; mais ce jeu des formes est déjà un fait d'un intérêt majeur dans la question qui m'occupe. Les Marsiléacées sont représentées par le g *Sphenophyllum* et huit espèces. Neuf genres représentent les Lycopodiacées, et le seul genre *Lepidodendron* renferme une cinquantaine d'espèces. Les Palmiers et les Conifères y ont leurs représentants; et ce qui montre jusqu'à quel point étaient grands l'intensité de la vie végétale et le développement des formes nouvelles, c'est la présence de genres nouveaux, dont quelques uns paraissent évidemment des Monocotylédonées, quant aux autres, ils n'ont pu être encore placés avec certitude dans aucune classe, tels sont les genres *Knorria, Halonia, Bornia, Annularia*, etc.

Partout la végétation était uniforme; car on trouve des genres semblables sur tous les points où des fouilles ont été faites. En Europe, en Amérique, aux Indes, à la Nouvelle - Hollande, les formes végétales ont une même physionomie, ce qui indique évidemment qu'à cette époque il n'y avait que des dissemblances assez peu considérables dans les conditions organisatrices, pour que la vie eût sur tous les points un même aspect.

Animaux. Les animaux, moins nombreux que les végétaux, si ce n'est les Mollusques, s'élèvent pourtant progressivement, et leurs formes s'accroissent en complexité. Les Polypiers, différents en cela des végétaux qui ne présentent que des genres éteints, offrent des formes connues : ce sont des Tubipores, des Astrées, des Fongies, des Favosites. Quelques autres, tels que les *Cyathocrinites*, les *Encrinites*, etc., sont des formes propres à cette époque. Parmi les Radiaires, les genres sont nombreux et propres seulement à ces terrains. Le genre Serpule représente la classe des Annélides. Les Mollusques de la période la plus ancienne de cette formation sont les genres *Spirifer*, Térébratule, *Productus* et *Evomphalus*, puis les genres *Ostrea*, *Pecten*, *Mytilus*, *Arca*, *Cardium*, etc., aujourd'hui existants; et à travers d'autres genres éteints, des Planorbes, des Nérites, des *Turbo*, des Buccins. Les Céphalopodes, les premières d'entre les formes conchifères, quoiqu'on les place en tête de la classe des Mollusques, sont représentés par les genres *Orthoceratites*, Nautile, Ammonites, etc.

Les genres *Asaphus*, *Calymene*, *Trilobites*, et de petits Entomostracés, tels que des *Cypris*, représentent les Crustacés.

Dans l'étage supérieur, on trouve des débris de Coléoptères et d'Arachnides. Parmi les Poissons, ce sont des Ichthyodorulites, des *Paleoniscus*, des *Amblipterus*, forme dominante représentant les Esturgeons, des *Pygopterus* et des *Megalichthys*, puis des Cestracions et des Hybodons, qui, par la forme de leurs dents, rappellent les Squales, et n'apparaissent pour la première fois que dans les terrains crétacés.

Ces animaux, appartenant tous à des genres inconnus, augmentent en nombre à mesure qu'on remonte vers les terrains du grès rouge. Peu nombreux dans le vieux grès rouge et le calcaire carbonifère, ils le sont davantage dans les couches houillères, et leurs formes appartiennent aux eaux douces.

On y trouve encore, mais dans les couches profondes, surtout celles du vieux grès rouge, des débris de Sauriens et surtout de Tortues appartenant à des genres voisins de nos *Trionyx*.

On remarque donc dans ces terrains la prédominance des Invertébrés; parmi eux les Mollusques, surtout les bivalves, qui sont au nombre de 120 à 130 espèces, tandis que les univalves, d'une organisation plus complexe, sont de moitié moins nombreux. Tous les êtres organisés de cette époque sont destinés à vivre dans l'eau, et les premières traces de Vertébrés propres à respirer l'air en nature présentent des formes amphibies; et ce qui indique chez les antagonistes même de l'évolution l'idée de l'ascendance des formes organiques, c'est l'emploi d'expressions qui témoignent du sentiment des transitions : c'est ainsi qu'on a appelé Sauroïdes les Poissons à dents fortes et striées longitudinalement, qui rappellent par leurs formes ostéologiques les grands Sauriens.

Si maintenant l'on suit le développement des organes, on verra que les êtres dépourvus d'un appareil pulmonaire, c'est-à-dire n'ayant que des branchies propres à la respiration de l'air dissous dans l'eau, sont les premiers, et que leurs formes se modifient et se perfectionnent en remontant vers l'époque actuelle. Ainsi les Acéphales dépourvus d'appareil locomoteur, n'ayant pour ainsi dire qu'un appareil de nutrition, et privés des moyens de mise en relation avec le monde extérieur, sont les plus nombreux; les Conchifères ont déjà des yeux et un pied, et les Crustacés, des yeux, un appareil respiratoire mieux déterminé, l'orifice buccal armé d'appareils masticateurs, et des pieds. Ils ferment la série des êtres à squelette extérieur, chez lesquels le cœur, quand il existe, n'a qu'une seule cavité, et par les Poissons commence celle des Vertébrés ou animaux à squelette intérieur. Chez eux, il y a déjà un centre nerveux auquel viennent aboutir tous les nerfs, un appareil visuel très perfectionné, des branchies qui sont déjà des poumons lamelleux, seule conformation propre à la respiration de l'air contenu dans l'eau, un appareil très compliqué de locomotion, et avant tout, l'orifice buccal garni de dents acérées, et qui ne rappelle en rien l'appareil masticateur des Crustacés.

Les Sauriens et les Tortues sont des formes encore plus perfectionnées. Ils n'ont plus de branchies, mais un poumon véritable, composé d'un tissu lâche et vésiculeux il est vrai; mais enfin un sac pulmonaire et un système circulatoire bien plus compliqué que chez les Poissons; car tandis que, chez les premiers, le cœur n'a que deux cavités, les Reptiles en ont déjà trois. Leurs téguments sont plus épais et plus solides, et à la chair blanche et flasque des poissons ont succédé des fibres musculaires rouges et très semblables à celles des Mammifères. Leur cerveau n'est plus, comme celui des Poissons, une suite de petits ganglions, avec des lobes cérébraux et olfactifs atrophiés; chez eux, le cerveau, quoique composé encore de sept masses ganglionnaires bien distinctes, possède des lobes cérébraux égalant en volume tous les autres ensemble. Le cervelet, qui est chez les poissons le ganglion dominateur, est déjà subordonné aux lobes cérébraux. Leurs appareils d'olfaction, de vision et de gustation, sont déjà très développés.

Si maintenant nous cherchons l'ascendance des formes dans le mode de propagation, nous trouvons l'androgynie dans les Mollusques; mais déjà l'accouplement chez les univalves pourvus d'un appareil bisexuel. Chez les Crustacés, il y a une bisexualité bien distincte avec des centres générateurs encore déplacés, comme dans toutes les formes inférieures organiques, et ils ne se trouvent à la partie uropygiale que chez les Insectes proprement dits. Dans les Vertébrés il n'y a plus cette incertitude, les organes générateurs ont une position fixe; chez les Poissons les appareils se centralisent, et prennent place dans la région postérieure du corps entre les appendices pelviens. Les organes femelle et mâle sont cependant encore incomplets, et, en général, il n'y a pas d'accouplement; chez les Sauriens, les organes se perfectionnent et les appareils géné-

rateurs mâle et femelle ont des formes plus arrêtées; cependant l'oviparité est la loi génératrice unique; on ne voit pas encore de viviparité bien rigoureuse. Ainsi on peut suivre à travers la série le perfectionnement des appareils fonctionnels et des moyens plus complexes de mise en rapport avec le monde extérieur.

A la fin de cette période se trouvent détachés les terrains triasiques qui présentent peu de différences sous le rapport organique avec les formations précédentes, seulement déjà les Vertébrés y sont ascendants. Les Sauriens sont plus nombreux, et l'on y rencontre des traces d'Oiseaux appartenant aux grands Échassiers, ce qui indique l'existence de terres découvertes. On peut suivre avec intérêt dans cette formation le passage des roches les unes aux autres, telles que celui du grès bigarré à celui du Muschelkalk. Toutes ces modifications tiennent évidemment à des changements survenus dans les conditions d'existence du globe.

Époque jurassique. Tous les points du globe où cette formation a existé, présentent des phénomènes identiques. Ce sont des terres de peu d'étendue et assez rapprochées, entourées de mers qu'on suppose avoir eu peu de profondeur, et qu'elles couvraient et découvraient alternativement, ce qu'il est facile de constater par la présence, dans leur ordre assez régulier de superposition, de fossiles terrestres ou marins.

Une circonstance qui annonce encore la différence de la climature de cette époque, c'est la formation des récifs de Polypiers sur nos côtes, phénomène qui ne se voit plus que dans les mers tropicales.

Les fossiles de cette époque sont en partie correspondants à ceux du trias; mais très peu se trouvent dans le terrain crétacé.

Végétaux. En suivant l'ordre d'ancienneté des couches diversement dénommées par les géologues, on trouve des Fougères et des Lycopodiacées, des Cycadées mêlées à d'autres végétaux indéterminés. Dans le Lias, ces végétaux augmentent en nombre, et les Cycadées dominent dans le groupe oolitique, qui renferme aussi des Conifères. Le groupe corallien, qui forme l'étage moyen de cette période, n'offre aucune différence avec l'étage qui est au-dessous. Dans l'étage supérieur ou groupe portlandieu, ce sont des végétaux passés à l'état de lignite et une Liliacée.

Animaux. Les Zoophytes abondent dans ces formations comme dans tous les terrains contemporains de la diffusion générale de la vie à la surface du globe, et les Radiaires y sont représentés par des *Cidaris*, des *Echinus*, des *Pentacrinites*, etc. Les Serpules y représentent invariablement la classe des Annélides. Les Mollusques à deux valves sont très nombreux en genres, et l'on y retrouve des Térébratules, des Gryphées, des Peignes, des Plagiostomes, des Avicules, des Modioles, avec plus d'une vingtaine de genres dont la plupart sont encore existants. Une douzaine de genres seulement, peu nombreux en espèces, y représentent les univalves, et les Mollusques céphalopodes y sont les plus nombreux; les Bélemnites y sont au nombre d'une soixantaine d'espèces. On y trouve plus de cent espèces d'Ammonites, assez reconnaissables pour avoir pu être convenablement classées.

Des Astacus et des Palinures mêlés à des Crustacés indéterminés y représentent les Articulés.

Les Poissons appartiennent à des ordres qui disparaissaient, et dans ceux qui ont persisté, à des genres éteints ou bien modifiés.

Des Tortues, des Plésiosaures, des Ichthyosaures, des Géosaures et des Ptérodactyles, caractérisent l'étage liasique.

Le Ptérodactyle, espèce de Saurien volant, représentait-il à cette époque les animaux destinés à se jouer dans les airs? Sa membrane alaire rappelle celle des Chauves-Souris, si l'on en juge par la disposition de sa main; n'est-ce pas un animal de transition?

Le groupe oolitique présente le jeu des mêmes formes; mais les genres et les espèces y sont plus nombreux, surtout dans les Univalves. On reconnaît dans la classe des Articulés, des Coléoptères, et entre autres des Buprestes.

Le *Teleosaurus* appartient à cette époque. Mais le fait le plus intéressant qui s'y rapporte est la présence d'un Didelphe dans les schistes de Stonesfield.

L'étage corallien est riche en Crustacés appartenant aux genres actuellement existants; ce sont des Pagures, des *Palœmons*, des Écrevisses, des Limules, etc. Les insectes de plusieurs ordres se trouvent dans les terrains de Solenhofen; ce sont des individus appartenant aux genres Libellule, Sauterelle, Agrion; des Névroptères, dont la Ranâtre est la représentante; des Coléoptères, parmi lesquels on a reconnu des Buprestes et des Cerambyx; des Hyménoptères des genres Ichneumon; des Lépidoptères des g. Sphynx, et des Arachnides des g. *Galeodes* ou *Solpuga*.

Les Poissons sont représentés par des Clupes et des Esoces, mêlés à des genres éteints.

On y trouve des débris d'oiseaux indéterminés et une tête de Palmipède.

Parmi les Mammifères, on a trouvé un *Vespertilio* de grande taille.

Sans m'arrêter à passer en revue les débris organiques du groupe portlandien, qui forme l'étage supérieur du terrain jurassique, je me bornerai à dire que les Mammifères y sont représentés par les genres éteints des *Paleotherium* et *Anoplotherium*.

On peut se demander comment ces grands Vertébrés qu'on revoit à peine dans les terrains crétacés se trouvent dans des couches si profondes. C'est peut-être une erreur ou le résultat d'un déplacement accidentel des couches supérieures à cette formation qui les a mises à nu pour y déposer ces débris, et l'état de conservation des débris des grands Sauriens indique un enfouissement presque instantané, et que n'avait pas précédé la décomposition.

Le fait important à constater est l'accroissement de l'intensité de la vie organique et la représentation de la vie par les Mollusques, les Céphalopodes en tête, et parmi les Vertébrés, les Reptiles gigantesques qui caractérisent cette période.

Ce qui semblerait indiquer dans l'Amérique un mode et une époque de formation différents, c'est que les terrains de cette période n'y paraissent pas exister.

ÉPOQUE CRÉTACÉE. Ce terrain est divisé en trois groupes qui diffèrent par leurs productions organiques, et celui des trois qui en présente le moins est le plus récent, mais en même temps celui qui, même à notre époque, est le plus stérile. On reconnaît, par l'observation attentive des terrains de cette période, que des terres nouvelles ayant été découvertes soit par l'effet de soulèvements et de dislocations, soit d'affaissements, il s'était formé sur ces continents nouveaux de grandes masses d'eaux douces et des fleuves sans doute larges et rapides, apportant à leur embouchure des débris organiques.

Végétaux. La végétation est la même que celle des terrains précédents. Ce sont encore des Conferves, des Algues, des Fougères, des Cycadées et des arbres dicotylédonés indéterminés, connus seulement par leur bois perforé par des Tarets. Le Lignite de l'étage inférieur vient seulement sans doute d'une fossilisation incomplète. Peut-être peut-on attribuer cette absence de variété dans les débris végétaux de cette époque à des influences désorganisatrices qui n'existaient pas à l'époque de la formation houillère ; mais l'on remarque ensuite, dans les plantes Cryptogames et dans les Monocotylédones, une plus grande puissance de conservation que dans les végétaux de l'ordre le plus élevé.

Animaux. Je n'énumérerai pas tout au long les Invertébrés renfermés dans ces terrains. Les Polypiers y sont au nombre d'une trentaine de genres, dont quelques uns, tels que les genres *Spongia*, *Millepora*, *Eschara*, *Cellepora*, *Ceriopora*, *Astrea*, renferment plusieurs espèces ; on y retrouve des genres connus. Il en est de même des Radiaires : ce sont des *Cidaris*, des *Echinus*, des *Astéries*, des Spatangues, des *Ananchytes* en majorité. Seize espèces de Serpules y représentent les Annélides ; le g. *Pollicipes*, les Cirripèdes. Parmi les Mollusques bivalves, les genres principaux sont les Térébratules, les Cranies, les Huîtres, les Gryphées, les Peignes, les Plagiostomes, les Inocérames, les Pinnes, les Chames, sans compter une trentaine d'autres genres. Les g. Dentale, Vermet, *Trochus*, *Turbo*, Rostellaire, Volute, y représentent les univalves ; mais les Céphalopodes y sont en nombre considérable. Les Bélemnites, les Nautiles, les Ammonites, les Hamites, etc., y sont en grande majorité.

Les Crustacés augmentent en nombre et en genres à mesure qu'on passe de l'étage inférieur à l'étage supérieur, et ce sont, dans la Craie, des g. connus, tels que des *Astacus*, des *Pagurus*, des *Cancer*, tandis

que dans le Grès vert on ne trouve que des Cypris.

Les Vertébrés n'ont de représentants que les Poissons et les Reptiles, et ils suivent la même progression numérique et ascendante que les Invertébrés. Dans l'étage inférieur, ce sont des Lépisostés et des Silures, au milieu d'autres débris ; dans la Craie tufau, des *Saurodons* et des dents de Squales ; dans la Craie, des genres connus dont les espèces sont, parmi les Squales, le *Squalus mustela*, les *Galeus* et les *Zygœna*. Les autres genres que l'on y voit encore sont des Murènes, des Zées, des Saumons, des Ésoces, des Balistes, des Diodons.

Les Reptiles renferment des genres connus : dans la classe des Chéloniens, ce sont les g. *Trionyx*, *Emys* et *Chelonia* ; on trouve le Crocodile parmi les Sauriens, et de plus, des genres qui ont cessé d'exister : tels sont les Plésiosaures, les Mégalosaures, les Iguanosaures, et les autres Reptiles gigantesques et aux formes bizarres contenus dans le terrain jurassique, quoiqu'ils soient moins nombreux. Cette circonstance semble prouver qu'un affaissement, survenu sans doute pendant cette période, avait fait disparaître sous les eaux des terres sèches de la période précédente.

Mais les Reptiles de cette époque sont tous encore amphibies. Les Ichthyosaures, les Plésiosaures sont organisés pour vivre dans l'eau ; car leurs pieds sont des rames, et ils ne sont pas destinés à la marche.

Tout indique donc qu'à cette époque la terre était couverte d'eau, car tous les organismes y sont aquatiques. La végétation, si luxuriante, n'a pu acquérir ce développement extraordinaire que sous l'influence d'un milieu saturé d'humidité : c'est même encore dans cette situation que les végétaux se sont le plus développés ; car, dans les terres sèches, les arbres sont rabougris, tortus, les formes grêles et fibreuses, et les organismes en général n'acquièrent toute la plénitude de leur développement que dans un milieu humide.

Si l'on suit néanmoins l'évolution progressive des formes, on voit que déjà les grands Sauriens et le petit Ptérodactyle annoncent une tendance à se rapprocher des Mammifères. Les premiers ont un système locomoteur qui les rapproche des Cétacés,

2

et le dernier, avec une tête et des vertèbres cervicales rappelant les oiseaux, se rapproche des Mammifères par ses régions pelvienne et coccygienne ; et l'on a tout lieu de penser, d'après les dépouilles d'insectes trouvées avec ses débris, qu'il renfermait des espèces insectivores. Ce genre de nourriture n'apprend rien sur leur valeur zoologique, car les Lacertiens et les Cheiroptères sont insectivores.

On a dit qu'à l'époque où existaient ces Reptiles monstrueux, la terre était le théâtre de luttes terribles, car partout l'on trouve des êtres vivant de proie. C'est une erreur de faire, pour ainsi dire, une exception pour cette époque : de tout temps les organismes se sont servis mutuellement de nourriture ; et que la proie soit l'Infusoire imperceptible, le Moucheron qui vole, la Gazelle ou l'Homme, ce n'en est pas moins de la matière organisée se suffisant toujours à elle-même et ne variant que dans ses modes de manifestation.

ÉPOQUE TERTIAIRE. Ces terrains, situés immédiatement sur la craie, sont contemporains de l'époque où le refroidissement graduel du globe avait déjà assez abaissé la température de l'Europe pour que les êtres organisés que nous trouvons dans ses divers étages revêtissent des formes presque semblables à celles que nous voyons aujourd'hui, et que les Vertébrés de l'ordre des Mammifères aient définitivement remplacé les Sauriens.

Des terres basses fréquemment submergées, ce que prouvent les dépôts alternants, lacustres et marins, des mers intérieures et de grands lacs, tel devait être alors l'état du globe. On admet pourtant que de fréquentes éjections de roches ignées venaient mêler aux dépôts aqueux les masses minérales cristallisées sur lesquelles reposent les couches les plus anciennes. Tout indique encore dans ces terrains un état d'instabilité dans les conditions extérieures du globe ; car les dépôts annoncent, tantôt une action lente et tranquille, semblable à celle qui, chaque jour, s'opère sous nos yeux, tantôt des mouvements violents et une suite d'oscillations du sol. Aussi les débris organiques sont-ils, sur certains points, déposés dans leur état de conservation parfaite ; sur d'autres, au contraire, ils sont roulés et brisés.

Végétaux. Les couches profondes de cette époque présentent des débris de Palmiers ; mais déjà pourtant les grandes Fougères et les Cycadées avaient disparu de nos contrées, et l'on reconnaît dans les couches supérieures, depuis la Méditerranée jusqu'en Norwége, des formes végétales semblables.

Les végétaux dicotylédonés s'y présentent en grande abondance, mais leur détermination est difficile ; ce sont surtout des empreintes de feuilles d'Amentacées, rappelant des végétaux aujourd'hui existants, et des fruits fossiles. Il est évident qu'à cette époque il y avait à la surface du globe, sur les points émergés, des végétaux herbacés servant à la nourriture des herbivores de toutes sortes qui y pullulaient, et des myriades d'insectes dont la présence seule suffirait pour indiquer l'exubérance de la végétation. Mais des plantes frêles, et sans doute déjà des agents atmosphériques doués d'une grande puissance dissolvante, les ont dû faire disparaître.

Animaux. Les terrains tertiaires présentent parmi les Polypiers des genres nombreux qui lui sont communs avec les précédents ; mais déjà on y retrouve des genres dont les espèces ont encore leurs analogues vivants, telles sont les Oculines, etc. Ils renferment, parmi les Radiaires, le genre Encrine, quelques Astéries et des Spatangues, des Clypéastres, des Nucléolites ; ces genres y croissent en nombre, tandis que ceux des terrains antérieurs y disparaissent, tel est le genre *Clypeus*. Des Balanes, la plupart analogues des espèces vivantes, abondent dans les sables et les calcaires marins. Parmi les mollusques, les Nummulines se montrent dans ce terrain et caractérisent même certaines couches. Les genres de mollusques les plus nombreux dans ces terrains sont les Buccins, les Casques, les Porcelaines, les Olives, des Strombes, des Ptérocères, des Cancellaires, des Fuseaux, des Cérithes, des Hyales, des Hélices, des Bulimes, des Planorbes, des Nérites, des Calyptrées, des Oscabrions, des Clavagelles, des Pholades, des Myes, des Mactres, des Lucines, des Cypricardes, des Cardium, des Chames, des Arches, des Pétoncles, des Mytiles, des Huîtres, des Peignes, des Cranies, des Térébratules. Parmi les Céphalopodes, les genres sont peu nombreux ; c'est dans les couches inférieures qu'il se rencontre des Sèches , des Poulpes , des Calmars et quelques Bélemnites; mais ces genres appartiennent à des âges bien différents , et l'on y trouve des mollusques encore vivants, d'autres , au contraire, ont complétement disparu. De toutes les manifestations organiques, les mollusques sont les plus vivaces; ils paraissent avoir été les premiers habitants du globe , et ils apparaissent à toutes les époques avec des formes souvent peu variées.

Les Annélides sont très abondantes dans les couches supérieures des terrains tertiaires , et l'on y voit les espèces augmenter en nombre.

Tous les terrains tertiaires présentent de nombreuses traces d'insectes; mais c'est surtout dans les marnes, les lignites et les dépôts gypsifères, etc. Il y en a de tous les ordres : ce sont des Coléoptères carnassiers et phyllophages , des Hyménoptères , des Diptères, des Lépidoptères , etc.; on remarque encore généralement pour eux ce qui a lieu pour les autres êtres , c'est qu'ils indiquent par leur forme des habitants des climats plus chauds que ceux où ils se trouvent; on a cependant remarqué qu'en Suisse les genres paraissent en grande partie identiques à ceux du pays.

Le sol tertiaire contient en Crustacés, dont le nombre a augmenté, des Portunes, des Grapses , des Gonoplax , des Dorippes , et dans les parties supérieures, des Crabes et des Palinures ; ce sont à la fois des formes perdues et vivantes.

Les poissons de cette époque sont ceux qui se rapprochent le plus des espèces actuellement vivantes; le sol tertiaire supérieur contient des genres propres aux mers tropicales , ainsi que des Raies et des Squales, dont les dents sont encore mêlées à ces terrains , et l'on y retrouve les g. Cyprin, Perche , Loche , Brochet , etc. Les Malacoptérygiens apparaissent pour la première fois dans ces couches, et presque tous appartiennent à des climats plus chauds.

Les formations tertiaires les plus profondes renferment des genres perdus, et les Acanthoptérygiens y dominent. On trouve dans les couches les plus inférieures, des poissons de tous les ordres dont la moitié environ existe encore à notre époque ; ce sont surtout des Acanthoptérigiens. Les Chondroptérygiens diminuent en nombre , et leur existence paraît liée à une époque très restreinte.

L'époque tertiaire n'est plus celle des Reptiles. On y trouve parmi les Chéloniens des Emys , des Trionyx , des Testudo, et parmi les Sauriens, des Crocodiles ; parmi les Batraciens , des Grenouilles, des Salamandres, des Tritons ; parmi les Ophidiens, des Serpens se rapprochant des Boas, et habitant les pays septentrionaux. Les formes monstrueuses et gigantesques ont disparu. Les Reptiles de cette époque sont semblables à peu près à ceux qui existent aujourd'hui, et c'est seulement alors qu'on trouve des Sauriens ayant une structure vertébrale semblable à celle des Sauriens de notre époque.

Cette diminution dans la proportion des Reptiles , êtres contemporains sans doute de l'époque où de vastes lagunes couvraient la surface du globe, est conforme à ce que nous voyons aujourd'hui. La classe des Reptiles est la moins nombreuse, et les débris de ces grands types confinés dans les climats chauds sont à la merci de la moindre modification dans la température : un abaissement dans la chaleur tropicale, et tous les grands Ophidiens ont cessé d'exister.

Les oiseaux fossiles de cette époque présentent tous des genres vivants ; mais ceux du terrain tertiaire diffèrent surtout par les espèces. Dans le calcaire d'eau douce, on a trouvé des plumes et des œufs ; dans le calcaire marin , des Échassiers , des Palmipèdes et des Gallinacés. Une étude bien intéressante serait d'examiner l'ordre dans lequel a eu lieu leur évolution, et qui a dû être, suivant leur genre de vie , plus ou moins aquatique. Ce qui prouve combien il importe d'étudier cette question , c'est que les Gallinacés, oiseaux des terres sèches, ne peuvent être contemporains des premiers Palmipèdes, qui nagent, plongent , vivent dans les eaux et sont en partie ichthyophages.

On trouve une liaison étroite entre les terrains d'alluvion anciens et les terrains tertiaires sous le rapport de l'existence des grands Mammifères perdus; on les y retrouve tous, à l'exception des g. *Aulacodon* , *Spermophilus*, *Anthracotherium* , etc.

On voit qu'à mesure qu'on remonte des couches primitives vers les étages supérieurs les formes organiques se multiplient et augmentent en complexité. Il manquait encore à cette période la tête des grands Vertébrés, l'homme, et ce n'est que dans la période suivante qu'on le voit apparaître.

C'est à cette époque que les derniers grands mouvements paraissent s'être opérés. Les mers se sont abaissées, les continents ont surgi ; les cours d'eau, énormes sans doute de largeur et effrayants de rapidité, ravinaient le sol, charriaient des blocs d'un volume considérable, formaient partout des dépôts et mélangeaient confusément les débris organiques avec des sables, des marnes, des galets. Quand ces commotions furent finies, les continents prirent à peu près la forme qu'ils ont aujourd'hui.

Époque alluviale. Cette période a cela de particulier que la vie y présente les mêmes types qu'à notre époque dans les formes inférieures des êtres, pourtant avec cette différence que, tandis que dans les alluvions anciennes on trouve à la fois des animaux qui n'ont plus d'analogues dans les formes actuelles, ou bien qui n'existent plus dans le pays où se trouvent leurs débris, dans les alluvions modernes les animaux sont les mêmes que de nos jours, et leurs centres d'habitation sont les mêmes qu'aujourd'hui, ce qui prouve que pendant cette période les conditions d'existence de notre globe étaient les mêmes qu'à présent.

Ainsi pour les Zoophytes et les Mollusques ce sont des genres encore existants ou déplacés dans leur station ; mais leur déplacement n'est jamais que de quelques degrés.

On connaît encore mal les débris de Poissons trouvés dans les terrains d'alluvion.

Les Reptiles sont devenus moins nombreux ; mais l'on trouve déjà des genres à peu près semblables aux nôtres.

Les ossements d'Oiseaux se trouvent en assez grand nombre dans les alluvions anciennes ; et ce qui tend toujours à confirmer la théorie de l'ordre d'évolution, c'est que tandis qu'on trouve des g. de Mammifères perdus dans les terrains de cette époque, on y trouve des débris d'oiseaux dont les genres sont actuellement existants, mais qui appartiennent aux climats chauds ; pourtant il n'y a pas encore été trouvé d'Autruche, ni de Casoar.

Les alluvions anciennes contiennent les genres *Megatherium*, *Dinotherium*, *Anoplotherium*, *Palæotherium*, *Megalonyx*, *Mastodon*, *Lophiodon*, etc. ; tandis que dans les alluvions modernes on trouve les genres *Simius*, *Vespertilio*, *Sorex*, *Talpa*, *Hyæna*, *Felis*, *Ursus*, *Kangouroo*, *Equus*, *Rhinoceros*, *Elephas*, *Hippopotamus*, *Bos*, *Cervus*, *Camelus*, *Balæna*, etc. Mais, par suite de changements dans les stations, on trouve le Lagomys de l'Asie septentrionale, et les Antilopes de l'Afrique, dans les brèches osseuses de la Méditerranée. La période alluviale ancienne présentait donc des dissemblances sous le rapport de la climature.

Le couronnement de cette période, c'est l'apparition des Quadrumanes et de l'Homme à la surface du globe ; celle des premiers est hors de doute, et les dernières découvertes de M. Lartet le prouvent jusqu'à l'évidence. Quant à la race humaine, il paraît aussi bien constaté qu'elle existait alors, malgré les dénégations nombreuses des antagonistes de cette découverte. J'avouerai naïvement que je n'ai jamais compris pourquoi tant d'hommes se sont évertués à nier l'existence de l'homme à l'époque alluviale ancienne, et je ne sais quel intérêt on attache à ce qu'il n'y en ait pas eu. Il est pourtant aujourd'hui beaucoup de géologues qui croient à son existence à cette époque, et parmi eux des plus éminents.

Mais il faut bien faire attention à ceci : c'est que la forme des têtes trouvées dans les terrains d'alluvion ancienne n'est pas la même que celle des hommes qui habitent les pays dans lesquels elles sont enfouies, et qui rappellent non les formes de la race caucasique, mais celles des races éthiopienne et américaine.

Ces faits bien constatés prouveraient que la diffusion de la vie humaine à la surface du globe a suivi des lois semblables à celles des autres animaux, des espèces dont la station est déplacée dans les terrains d'alluvion ancienne.

Cette race est évidemment la dernière, et elle présente surtout cette différence caractéristique : c'est que, tandis que tous les animaux, à l'exception de ceux qu'il a réduits en domesticité, ont tous une station plus ou moins circonscrite, l'homme est répandu partout, depuis les pôles jusqu'aux pays tropicaux, et du sommet le plus élevé des montagnes jusque dans les plaines les plus basses.

Chaque époque, chaque période, on le voit, a fourni ses agrégations organiques, dont les débris se retrouvent comme autant de jalons dans les couches profondes du sol, et l'homme perdu sans doute un jour, éteint, disparu, marquera dans un étage supérieur la période d'évolution humaine. Si l'on ne trouve pas d'hommes réellement fossiles, ce qui me paraît douteux, après les preuves nombreuses en faveur de cette opinion, ce n'est pas que l'homme soit venu le dernier pour jouir du bénéfice de toutes les évolutions antérieures ; mais c'est parce qu'il est postérieur à une des périodes dernières qui ont déplacé les centres d'évolution. Son tour arrivera, et les êtres nouveaux qui le remplaceront trouveront, en grattant le sol, des ossements fossiles qui distingueront une autre époque géologique.

L'homme est donc le contemporain des dernières révolutions du globe, et c'est sans nul doute à cette circonstance qu'il faut attribuer les récits empreints de mysticisme contenus dans les livres sacrés de tous les peuples. Ces souvenirs, conservés traditionnellement, sont arrivés jusqu'à nous, mais tronqués, mutilés, défigurés par des nécessités théocratiques, et altérés par des changements survenus dans les langues des peuples qui les ont recueillis. Toujours est-il que cet accord si parfait entre la tradition vague des temps antiques et les connaissances résultant de l'observation des faits, nous ramène à l'idée que les premiers hommes, tout bruts qu'ils ont dû être, ont transmis oralement le souvenir de ce qu'ils avaient ouï et vu, et que c'est sur ces dernières notions que sont fondés les livres hiératiques et les cosmogonies. On ne doit plus alors s'étonner d'y trouver des récits d'êtres à formes bizarres, que nous regardons aujourd'hui comme des animaux fabuleux ; peut-être ces hommes ont-ils vu les derniers rejetons de quelques races perdues, comme les hommes du siècle dernier ont vu le Dronte ; mais je ne veux pas pousser plus loin des suppositions qui finissent trop souvent par tomber dans le ridicule, erreur qu'on retrouve surtout chez les linguistes qui veulent faire de l'anthropologie avec les mots, qu'ils regardent comme des formes fixes, tandis que rien n'est plus muable.

Ainsi les grandes lois sur lesquelles repose l'organisme sont : l'évolution successive des formes dans les deux séries animale et végétale, par suite de la modification des agents immédiats de la vie, la métamorphose, ou, pour mieux dire, la transformation ascendante des types ; et dans une période déterminée, les variations du même type, suivant l'influence des milieux.

En suivant avec attention l'histoire paléontologique du globe, on y voit que la vie, oscillant, pour ainsi dire, selon que les milieux en changeant modifiaient les intensités vitales, n'a pas subi de phases d'extinction et de revivification ; la vie a toujours été, depuis les premières apparitions organiques, dont l'origine remonte aux époques les plus anciennes ; et chaque fois qu'un milieu donné prédominait, les organismes qui dominaient numériquement étaient ceux qui répondaient le mieux à l'état actuel du globe ; mais, à chaque modification, les formes antérieures se resserraient dans le milieu qui limitait leurs conditions d'existence, et les seules modifications qu'elles subissaient étaient dans le jeu des organes, sans que le type changeât. Ainsi chaque forme animale ou végétale représente, non seulement les différents anneaux de la chaîne évolutive des êtres, mais encore les organismes destinés à vivre dans certains milieux, devenus de plus en plus variés à mesure que les terres sèches s'émergeaient, que les plissements appelés montagnes ridaient la surface du globe, et que la température se modifiait.

Que voyons-nous aujourd'hui que nous sommes entourés de toutes parts de manifestations vitales de tous les ordres ? autant d'êtres que de milieux compatibles avec la vie, et autant de jeux des mêmes types qu'il y a de modifications dans un même milieu ? Un coup d'œil sur la répartition générale des êtres fera comprendre cette pensée. Les Mollusques, éminemment aquatiques, présentent, sans égard pour l'ascendance de leurs formes en particulier, des variations du type général, suivant que les eaux qu'ils habitent sont douces ou salées, chaudes ou froides, profondes ou non. Les formes acéphales ou à deux valves sont absolument aquatiques, tandis que les uni-valves, pourvues déjà d'appareils de repta-tion, appartiennent aux formes aquatiques et terrestres, et parmi ceux qui sont nus, il y a terrestréité complète et impossibilité de vivre dans l'eau. Les appareils fonction-nels changent aussi suivant le milieu; tan-dis que les Acéphales ont des branchies, les Limaces ont un appareil pulmonaire. Dans chaque ordre particulier on voit se répéter cette appropriation de certains êtres du groupe à des conditions d'existence variant avec les milieux, et destinés à vivre, dans toutes les stations, avec d'autant plus de variété que le milieu normal permet davan-tage une déviation à la loi générale. Chez les Poissons, la forme aquatique est la do-minante, et la plupart de ces animaux meu-rent asphyxiés quand ils respirent l'air at-mosphérique; cependant, parmi les Acan-thoptérygiens à pharyngiens labyrinthifor-mes, et parmi les Apodes, les Anguillifor-mes peuvent rester à sec pendant un certain temps et parcourir même, sans mourir, de grandes distances; chez les Reptiles, les formes terrestres dominent, ou plutôt il y a balance entre les formes aquatiques et les formes terrestres; chez les Oiseaux, des or-dres entiers sont aquatiques, quoique leur mode de circulation soit pulmonaire; mais la plupart sont terrestres; chez les Mammi-fères, le plus petit nombre est aquatique; cependant on trouve chez eux ce qu'on ne trouve pas chez les Oiseaux. Ce sont des ani-maux tout-à-fait aquatiques, comme les Cé-tacés. Ainsi tous les milieux, quels qu'ils soient, chauds ou glacés, secs ou humides, obscurs ou resplendissants de lumière, pré-sentent la vie et toujours la vie, non seule-ment avec des formes spéciales à une série par-ticulière d'êtres, mais dans toutes les séries.

Chaque période, ai-je déjà dit, a eu ses organismes dominateurs. Pendant l'époque jurassique, les Sauriens gigantesques étaient les maîtres du globe, et pesaient de tout le poids de leur voracité sur les êtres les plus faibles; à l'époque tertiaire, les formes ter-restres et aquatiques des Mastodontes, des Dinotherium, des Palæotherium étaient les êtres dominants; à l'époque alluviale an-cienne, les Carnassiers, dont les ossements se trouvent répandus sur tous les points, exerçaient l'empire de la férocité sur les nombreux herbivores qui couvraient les terres sèches; aujourd'hui tous sont subordonnés à l'animal le plus élevé de l'échelle orga-nique, à l'homme, qui exerce partout son influence dévastatrice; car l'homme n'est pas seulement l'ennemi des animaux qui lui servent de nourriture; il agit comme le font tous les animaux qui dominent par la force; il détruit autour de lui sans nécessité, sans même avoir la conscience du mal qu'il fait: aussi a-t-il pour ennemis les forts et les faibles, et il est, lui, le plus terrible ennemi de sa propre espèce.

Époque moderne. Aujourd'hui que l'état du globe est plus tranquille, que les grandes commotions sont passées et que partout il semble régner un équilibre plus stable; la terre, froide à ses deux extrémités, brûlante au milieu, présente une grande diversité dans les formes organiques, qui sont soumises aux influences des agents organisateurs et correspondent à leur in-tensité. Ainsi elle présente son maximum d'intensité vitale dans les climats tropi-caux, et elle décroît à mesure qu'on re-monte vers les pôles. C'est dans les cli-mats les plus chauds que se présentent les formes animales gigantesques dont nous retrouvons des traces dans les couches pro-fondes: l'Éléphant, le Rhinocéros, le Cha-meau, l'Hippopotame, le Lion, le Tigre, la Girafe, l'Autruche, le Casoar, les Carets, les Boas, les Crustacés, les Insectes, les Mollusques, les Radiaires, y sont plus grands et plus beaux; au-delà de cette zône les formes décroissent, et les géants des pays tempérés sont l'Ours et le Loup, l'Oie, le Dindon, le Cygne, etc. Dans les grou-pes inférieurs, les formes diminuent aussi, et à part nos Lucanes, nos Melolontha, etc., nos Paons de nuit, nos Insectes sont d'une taille bien petite. Cette loi du décroisse-ment de l'intensité de la vie dans les cli-mats tempérés ou froids se comprend faci-lement. Les agents excitateurs de la vie sont la lumière et la chaleur, qui déter-minent dans les tissus un orgasme mo-léculaire, une excitation qui devient pour eux une cause de vitalité surabondante; les organismes animaux et végétaux destinés à l'entretien de la vie chez les uns ou les au-tres y sont plus abondants et d'une nature plus propre à rendre la vie exubérante.

En vertu de quelles lois a lieu la distribution géographique des êtres? à quelles influences obéit l'organisme? C'est ce qu'il est intéressant d'étudier avant de faire connaître la statistique animale des êtres des différents groupes. Les causes de ces changements, suivant les temps et les lieux, prennent leur source dans la mobilité des organismes dont la nature est le résultat de la loi d'évolution qui a placé chacun d'eux à un degré déterminé de la série zoologique, en vertu des modifications apportées dans chaque organisme individuel par les circonstances dans lesquelles il se trouve placé. Cette nature propre, qui n'est pour chaque individu que le résultat de l'influence du moment, est susceptible de se modifier suivant les intensités vitales et l'influence directe des agents secondaires. Tous les jeux que présente chaque type sont le résultat de l'une ou de l'autre de ces influences, ou de la combinaison de plusieurs d'entre elles; et comme, dans l'état actuel où se trouve la terre, les milieux présentent des variations innombrables sous le rapport des climats, des phénomènes météorologiques, des stations, etc., il est évident que le nombre des animaux répandus sur le globe doit être soumis à des modifications corrélatives à l'influence des milieux. Il faut bien se pénétrer de cette vérité, c'est que l'animalité ne réside pas dans tel ou tel animal, mais dans l'ensemble de tous les êtres vivants, depuis la Monade jusqu'à l'homme. C'est à tort qu'on voit dans la nature vivante une économie qui fait que tel animal est le contrepoids de tel autre, ainsi que les Carnassiers et les Oiseaux de proie détruisent la surabondance des êtres qui vivent d'herbe ou d'Insectes, que les Insectes créophages ont pour mission de dévorer les Phytophages, et que dans tous les ordres il se trouve un certain nombre d'êtres, tels que les Hyènes, les Chacals, les Caracaras, les Vautours, les Corbeaux, les Staphylins, les Hister, qui vivent enfin de débris organiques putréfiés, pour que l'atmosphère n'en soit pas empestée. La loi organique est celle-ci: tous les lieux où la vie peut exister sont peuplés d'êtres vivants. Depuis les mers jusqu'aux limites des neiges, il n'est pas une station sèche ou humide, chaude ou froide, qui ne soit animée, et comme la matière organi-

que se sert à elle-même d'aliment, chaque Flore ou chaque Faune possède dans chaque groupe les êtres dont la présence appelle ceux qui les détruisent à leur tour. Plus les végétaux sont nombreux, plus le sont aussi les Insectes phytophages, les Oiseaux granivores et baccivores, les Mammifères herbivores, et avec eux les Insectes carnassiers, les Oiseaux et les Mammifères insectivores, les Carnassiers, etc. Chaque groupe en appelle un autre: aussi la science réelle du naturaliste est-elle de deviner, par l'aspect d'un pays, la nature de ses habitants, végétaux et animaux.

Il faut distinguer dans la répartition des êtres à la surface du globe deux grands faits primordiaux qui dominent tous les autres: les centres d'évolution qui, suivant l'âge relatif des continents, font varier les Faunes, et les font appartenir à des époques chronologiques différentes; puis, dans tout en général, et dans chacun en particulier, les agents modificateurs des divers ordres qui réagissent sur eux, et leur font subir des changements corrélatifs; ce sont les centres d'habitation, loi pleine de bizarrerie et d'obscurité, en vertu de laquelle chaque être est renfermé dans sa station ou son climat, comme dans une prison, d'où il ne peut sortir sans perdre la vie. Cette loi, connue de tout le monde, montre jusqu'à quel point est dominatrice l'influence des milieux; et chacun sait que, de même que la Canne à sucre et le Bananier sont confinés dans les climats tropicaux, de même aussi le Rhinocéros, l'Hippopotame et l'Éléphant, périraient dans les climats tempérés. L'animal des terres sèches meurt dans les lieux inondés; et le Renne, accoutumé aux glaces polaires, meurt dans nos plus gras pâturages.

Les conditions qui modifient la distribution géographique des êtres, sont: I. l'époque relative de l'émergence des continents; II. les climats; III. les habitats et les stations; IV. les Flores; V. les Faunes; VI. l'Homme.

I. *Des divers centres d'évolution*. Toutes les terres ne sont pas d'une même époque géologique, et leur émergence a eu lieu dans des temps bien différents les uns des autres, ce qui donne aux productions organiques propres à chacun d'eux une figure particulière.

Comme chacun des points émergés était

contemporain d'un état particulier de la terre, il en est résulté une dissemblance dans les Faunes. Toutefois l'évolution organique étant soumise à des lois rigoureuses, il est évident que l'on doit retrouver dans chacun de ces centres en particulier ou une forme morte pour les autres continents, ou bien des formes corrélatives, c'est-à-dire la représentation des mêmes types, ou, pour être plus exact, des mêmes degrés de l'échelle évolutive; ce fait semble clairement démontré par l'identité des climats et la variation absolue des Faunes.

On peut admettre cinq foyers d'évolution : 1" l'Asie; 2" l'Afrique; 3" l'Océanie; 4" l'Amérique; 5° l'Australie.

Chacun de ces centres d'habitation présente des dissemblances considérables sous le rapport du nombre, des caractères, de la taille. Une remarque faite par Buffon, et dont l'observation a constaté l'exactitude, est la différence de la taille des animaux, suivant leurs centres d'habitation, ou le rapport entre l'étendue du centre d'habitation et le développement des formes. Les vastes continents de l'Inde et de l'Afrique nourrissent, parmi les animaux de toutes les classes, les êtres les plus grands : on ne retrouve nulle part ailleurs l'Éléphant, le Rhinocéros, l'Hippopotame, le Chameau, le Lion, le Tigre, l'Autruche, le Casoar, les Boas, les Crocodiles. L'Amérique ne renferme que des tailles secondaires. Les trois grands Pachydermes ne s'y trouvent pas : le Chameau est représenté par le Llama; le Lion, par le Puma ; le Tigre, par le Jaguar. La Nouvelle-Hollande ne possède pas de plus grands Mammifères que les Kanguroos. A Madagascar, on ne trouve que des formes encore moindres. Enfin, cette loi est applicable aux eaux comme aux terres sèches : la mer renferme, outre ses monstrueux Cétacés, des Poissons gigantesques, et les fleuves présentent des formes plus amples que ne le font les rivières, et celles-ci que les ruisseaux.

Ces relations entre les milieux et les formes sont une nouvelle preuve de l'influence de ces derniers, ce qui revient à dire que plus les centres d'alimentation sont étendus, plus les formes animales, qui dépendent de l'abondance des sources de nutrition s'accroissent et prennent du déve-

loppement. J'apporterai pour preuve de ce que j'avance un certain nombre de faits : les Chevaux, quoique réduits en domesticité, suivent la même loi; les Chevaux des petites Iles sont d'une taille peu élevée, tels sont ceux de Corse, et en particulier ceux des Orcades, les pygmées de la race chevaline; les Moutons des Iles Feroë ne sont pas grands, tandis que dans les vastes continents ils s'élèvent à une haute taille; et de plus, M. Bory de Saint-Vincent cite le fait d'un Cyprin doré de la Chine, qui, ayant été pendant dix années renfermé dans un bocal étroit, n'y prit aucun accroissement, et se développa en peu de temps, de manière à doubler de grandeur, lorsqu'il eut été mis dans un vase plus vaste. Moi-même ai tenu pendant six mois entiers, dans un bocal de deux litres de capacité, des Têtards de Grenouilles, qui n'ont pu accomplir d'autre métamorphose que le développement des deux pattes postérieures, sans que jamais ils aient laissé soupçonner celles de devant. Pourtant leur vivacité était la même; ils paraissaient dans des conditions tout aussi normales que lorsque je les avais mis dans ce vase.

L'Asie, sans doute le point d'émergence le plus ancien, renferme les types de tous les ordres en Mammifères, Oiseaux, Reptiles, Poissons, etc. L'étendue de ce continent dont le centre est stérile, et qui s'étend de la ligne aux contrées les plus septentrionales de l'hémisphère boréal, présente dans ses habitats une variété qui se manifeste dans l'aspect des êtres. Dans les parties brûlantes, la vie y a une intensité extraordinaire sous le rapport des formes et de la richesse du coloris. Les grands Digitigrades y ont un riche pelage, et le Tigre du Bengale en est une preuve. Les Gallinacés les plus brillants, les Pics, les Martins-Pêcheurs, les Boas, y ont une parure éclatante, qui n'est que le reflet du climat qu'ils habitent. A mesure qu'on s'éloigne des contrées chaudes, la Faune prend un aspect européen; c'est ainsi que la Sibérie présente, sous le rapport de la distribution des êtres, une grande similitude avec les parties tempérées de l'Europe. Les parties orientales de cette vaste terre ont un caractère aussi particulier que celui de l'Australie; la Chine et le Japon, si spéciaux sous le rapport de l'aspect raide et vernissé de leurs végétaux, ont encore des animaux particuliers, mais dont la plupart peuvent être élevés dans nos pays tempérés. L'Europe ne peut donc, sous le rapport de son système organique, être considérée que comme un rameau de l'Asie; et sans doute qu'après l'inondation des terres tant de fois émergées du continent européen, c'est à l'Asie qu'elle a dû les animaux qu'elle possède, et qui y ont pris une figure particulière qui en a fait un centre d'habitation et non d'évolution.

L'Afrique, plus stérile sur la plupart de ses points que ne l'est l'Asie, est moins riche en animaux dans les parties centrales et orientales. La partie australe a une plus grande similitude avec l'Inde, et c'est au Cap que se trouvent les grands Mammifères; les Oiseaux en sont beaux et brillants, les Insectes nombreux. Le littoral occidental, arrosé par de grands fleuves, renferme des populations tout entières qui lui appartiennent.

Madagascar semblerait un centre spécial, puisque loin de l'Inde il a des formes animales propres à ce continent, plutôt qu'à l'Afrique, dont il est si proche, et que, d'un autre côté, il possède comme centre distinct des formes organiques qui ne se retrouvent pas ailleurs.

L'Océanie, qui comprend les grandes îles jetées en dehors du continent asiatique, a un caractère particulier; et beaucoup de ses animaux, surtout ceux de la Nouvelle-Guinée, rappellent ceux de la Nouvelle-Hollande; de sorte qu'on peut dire que cette région est moyenne entre l'Asie et l'Australasie. On y trouve des Marsupiaux et un système géologique qui rattachent cette partie du globe à l'ancien continent, car sa faune est intermédiaire entre celles de l'Australie et de l'Asie tropicale; c'est un pont jeté, pour ainsi dire, entre les continents d'émergence plus récente et les plus anciennes terres sèches.

L'Amérique, divisée en deux parties distinctes, comprend deux systèmes géologiques différents. La partie méridionale a le caractère spécial qui dépend de sa position et de son âge relatif. Les animaux, plus petits que ceux de l'ancien continent, sont aussi brillants et rappellent leurs formes;

mais au sein des forêts profondes ou de vastes savanes sillonnées par de grands fleuves, la vie y jouit de toute sa plénitude, et les êtres y sont aussi nombreux que variés: les Insectes phytophages y appellent les créophages; tous ensemble, les Oiseaux et les Mammifères insectivores; cette partie du continent américain justifie la loi d'accroissement des organismes en nombre et en variété, à mesure que les sources d'alimentation sont plus abondantes. L'Amérique méridionale, si riche en végétaux de toutes sortes, a des populations géologiques qui lui sont propres: les Quadrumanes ont un caractère particulier, et là seulement se trouve cette variété prodigieuse de Singes à queue prenante.

Parmi les Oiseaux, les Grimpeurs y sont surtout nombreux, et c'est la patrie de cette légion de Perroquets qui, chaque année, arrivent sur notre continent; les brillants Colibris au plumage métallique, les Toucans, les Aracaris sont nombreux, et donnent à ce continent une figure particulière.

La partie boréale de l'Amérique, plus semblable pour la climature aux contrées tempérées, présente de grandes similitudes avec notre Faune. Les genres y sont souvent les mêmes; mais les espèces diffèrent. On trouve, dans les genres, des sections: tels sont les Colins, qui sont une véritable section du genre Perdrix, etc.

La Nouvelle-Hollande, continent si neuf sans doute, inconnu dans sa partie centrale, et sujet à des inondations fréquentes qui indiquent des terres d'une émergence récente, a une Flore spéciale d'un ton triste et grisâtre qui rappelle les Cycadées; sa Faune a également une figure toute particulière: ce sont des animaux à bourse, dont un seul, l'Ornithorhynque, mammifère à bec d'oiseau, semblerait un animal de transition; l'Échidné et le Kangourou donnent un caractère étrange à sa population zoologique. Parmi les oiseaux, le Menure est propre à ce continent. Mais un fait à remarquer, c'est que la plupart de ses formes animales correspondent en partie avec celles de l'Océanie; qui répondent elles-mêmes aux formes zoologiques de l'Inde, et en partie à celles du continent américain.

Chacun de ces centres a ses lacs, ses fleuves et ses côtes, ses stations nombreuses et variées, qui présentent, sous le rapport zoologique, une variation de formes considérable, malgré la plus grande homogénéité du milieu.

En dehors des lois de distribution se trouvent les animaux doués de puissants moyens de locomotion, et qui parcourent en tous sens les points les plus opposés du globe : tels sont les oiseaux voyageurs, et les groupes qu'on peut appeler cosmopolites. On peut regarder comme une exception des lois de développement, sans doute à cause du milieu, les Cétacés qui habitent les régions polaires en légions nombreuses, malgré l'intensité du froid. Mais ces exceptions ne peuvent préjudicier en rien à la loi générale, la seule dont on puisse chercher la constatation dans un travail d'ensemble.

II. *Du climat.* Les divers centres d'évolution sont divisés eux-mêmes en régions climatériques, et la température joue un grand rôle dans la nature et les habitudes des animaux d'un pays. Les climats brûlants des tropiques, secs comme ils le sont dans l'Afrique et une partie de l'Asie, produisent des animaux aux formes grêles et à la course rapide ; les hommes eux-mêmes, subissant l'influence du climat, participent à l'action des agents modificateurs, et sont, comme les animaux de leurs pays, chaudement colorés ; leur fibre musculaire est contractile, leur tempérament véhément, mais leur activité est ralentie par l'excès du calorique : de là les changements que subissent les êtres soumis à leur action. Les climats chauds et humides, riches et fertiles, dans lesquels débordent avec exubérance la vie végétale et animale, possèdent une Faune riche en couleurs, de formes variées, et d'une taille ample et élevée : aussi les climats chauds sont-ils les véritables centres d'activité animale, et c'est là que leur vie s'exerce dans toute sa plénitude. Le Rhinocéros et les grands Pachydermes, les grands Carnassiers, les Oiseaux gigantesques, les Reptiles monstrueux y ont élu domicile, et ne peuvent vivre normalement ailleurs. A mesure que le climat varie, les formes animales changent et s'approprient au milieu ; elles deviennent plus régulières et moins emportées ; les tons chauds et métalliques des Oiseaux, des Insectes et des Poissons s'éteignent et deviennent plus mats. Chaque Faune obéit à cette

influence ; et à part un petit nombre d'êtres privilégiés, qui, chaque année, viennent visiter ces climats, aucun être vivant ne franchit la zône qui lui a été assignée par la nature, sans payer de sa vie l'infraction qu'il a commise. Chaque climat représente une zône close aux deux points extrêmes, en dehors desquels les formes changent et se perdent. Les climats tempérés, plus modérés dans l'action de la lumière et de la chaleur, ont une Faune plus restreinte, mais mieux établie ; on n'y voit pas de ces jeux monstrueux de la nature organique qui ont tant épouvanté les voyageurs anciens. Les formes y sont plus petites, les couleurs plus sombres, les appétits moins véhéments. Le jeu des formes y est moins varié ; et l'on y retrouve des formes correspondantes à celles des climats chauds, mais avec des changements rendus nécessaires par l'abaissement de la température.

Les climats froids, sans chaleur, sans lumière, ont une Flore et une Faune pauvres et rabougries ; les arbres, qui font l'ornement de nos climats, réduits à l'état de broussailles ligneuses, ont à peine quelques pouces de hauteur ; des plantes grêles et herbacées à tige souple et flexible, rares et disséminées çà et là sur de vastes espaces, en composent toute la Flore. Les animaux ont un pelage ou des plumes duveteuses et de couleur claire, les Insectes y sont de couleur obscure ; on y remarque un décroissement dans la multiplicité des êtres, et il y manque des classes tout entières : ce sont là les dernières limites de la vie. Plus loin la glace envahit tout, un froid éternel désole ces contrées désertes, et la mer seule, dont la température est plus constante, nourrit encore des Acalèphes, des Zoophytes et des Mammifères marins, tristes représentants de l'organisme.

Ainsi, à partir des tropiques, sans avoir égard aux modifications organiques propres aux divers centres d'évolutions, la vie va décroissant à mesure qu'on s'approche des climats tempérés, et les classes d'animaux et de végétaux deviennent de plus en plus pauvres jusqu'à manquer tout-à-fait.

Les climats sont comme autant de cercles dans lesquels sont renfermés les êtres d'une manière plus ou moins absolue. Sans les regarder comme les uniques sources de modifications, ce sont les plus puissantes, et les changements qui résultent de leur influence sont intenses et persistants. Aux climats se rattachent les divers agents internes et externes qui concourent à l'entretien de la vie, et modifient les formes organiques assez profondément pour les altérer.

D'autres modificateurs externes sont les saisons qui varient les Faunes, et les font osciller entre certaines limites, d'autant plus vastes qu'elles sont plus inconstantes et plus tranchées. Les alternatives de chaleur et de froid, avec leurs diverses transitions, apportent des changements très profonds dans le nombre des animaux qui croissent et décroissent, suivant les modifications qui s'opèrent dans la température. A l'époque où la chaleur des climats tempérés a acquis le maximum de son intensité, la Faune locale est complète; les animaux sédentaires sont accrus de tous ceux que la température glacée de l'hiver et l'humidité de l'automne avaient laissés à l'état de larve. Les animaux migrateurs reviennent animer nos climats et y élever leur progéniture; puis quand l'hiver revient, tout rentre dans le repos : les Insectes déposent leurs œufs dans leurs abris, les larves se cachent, les Insectivores s'éloignent; puis arrivent les Palmipèdes et les Échassiers, et quelques Passereaux chassés des régions septentrionales. Les végétaux cryptogames seuls viennent animer nos bois.

La preuve la plus positive de l'influence des climats sur les formes organiques, c'est que les pays soumis à une même température présentent des manifestations semblables. Les êtres n'y sont pas identiques, mais correspondants : c'est ainsi que la famille des Perdrix a pour représentants américains les Colins; les Sucriers et les Souimangas sont représentés par les Colibris; les Llamas, les Vigognes représentent nos Chameaux; les Pécaris et les Tajassous nos Sangliers; le Jaguar, le Tigre; l'Alpaca, le Mouton, etc. Dans le règne végétal il en est de même; les formes phytographiques y ont des représentations corrélatives exactes, et il est évident que les formes végétales ayant une influence directe et spéciale sur les manifestations animales, les êtres soumis à ces grandes causes de modifications doivent avoir entre eux un air de famille.

Une compensation de la latitude dans les régions tropicales est l'altitude. A mesure qu'on s'élève sur les montagnes, on trouve une correspondance exacte entre les productions animales et végétales et celles des climats plus froids : là encore les mêmes causes produisent des effets identiques, et les Alpes de toutes les régions ont une physionomie organique semblable. Le *Lycus miniatus*, Lépidoptère des parties boréales de l'Europe, se trouve sur le Cantal, et l'on a découvert en Suisse le *Prionus depsaricus* de la Suède. On retrouve sous notre climat, à une élévation de 12 à 1,500 mètres, l'Apollon, qui est commun dans les montagnes de Suède. Dans les contrées plus méridionales il en est de même; et les animaux, tels que le Carabe doré et la Sauterelle, la Vipère, qui habitent nos plaines, cherchant un milieu qui corresponde à leurs nécessités organiques, gravissent les montagnes et s'établissent sur leurs versants.

Une autre cause de modification toujours intimement liée avec le climat est l'intensité lumineuse, qui est presque toujours en rapport avec la chaleur. Elle exerce sur les êtres organisés une action directe et continue qui les modifie surtout sous le rapport de la coloration; et cette loi est applicable aux mêmes conditions dans une même région, ce qui est rendu sensible dans nos climats par le système de coloration des animaux diurnes et des nocturnes. Les Papillons de nuit n'ont jamais la couleur brillante des diurnes; les oiseaux de nuit ont tous sans exception le plumage sombre, et l'on remarque dans leurs téguments une mollesse qui contraste avec la rigidité de la plume des oiseaux de jour.

On peut se faire une idée de l'accroissement de l'intensité vitale à partir des points extrêmes ou polaires, en se rapprochant des tropiques, et en comparant l'ensemble des Faunes à une spirale immense dont chaque tour de spire forme une zône, et qui resserre ses éléments à mesure qu'elle se rapproche du centre. Cette spirale, suivie avec attention, montre comment se déroulent les diverses manifestations organiques avec leurs transitions, et démontre la loi de l'accroissement successif des types. Ces lignes ne sont pas d'une rigueur mathématique absolue, elles subissent des inflexions et des incurvations suivant les accidents que présentent les terrains; mais elles justifient la grande loi de l'influence des milieux et de l'intensité évolutive corrélative à cette influence. Les altitudes forment un second plan correspondant pour les formes organiques, suivant leur degré d'élévation, à des latitudes rigoureuses. Il en résulte que les premières modifications que présentent les organismes en partant des pôles sont d'abord un simple accroissement dans le nombre des espèces, c'est-à-dire dans le jeu des types, par suite des modificateurs ambiants ; les genres des mêmes groupes augmentent ensuite en nombre, les groupes eux-mêmes s'accroissent, et les êtres organisés sont dans toute la plénitude de leur développement quantitatif et qualitatif aux points les plus rapprochés des tropiques, en faisant toujours la part des influences locales.

III. *Des habitats et des stations*. Les habitats sont les grands centres où vivent les animaux d'espèces et de nature déterminées, et les stations sont les localités particulières où se tiennent certaines espèces. Les grands centres d'habitation sont la mer et les eaux salées, les eaux douces courantes ou stagnantes, c'est-à-dire l'élément aqueux qui forme seul un vaste habitat dont chaque modification est une station ; et la terre, dont les stations sont : les terres élevées et sèches, celles basses et humides voisines de la mer, ou des grands cours d'eau, les montagnes et les régions climatériques.

Il est un fait généralement peu connu dont j'ai déjà touché quelque chose au commencement de cet article, et sur lequel je reviendrai plus en détail ici : c'est que la plupart des êtres organisés sont aquatiques ; et s'il n'a pas frappé nos regards, c'est que notre milieu seul nous absorbe, et que nous ne voyons guère au-delà. Un coup d'œil sur les êtres que renferme la masse des eaux, depuis ses bords humides et ses rochers submergés jusqu'à des profondeurs qui échappent à nos moyens ordinaires d'investigation, et nous verrons que le plus grand nombre des êtres vivants sont aquatiques, et que les eaux sont la véritable matrice des premiers organismes. Les Infusoires, les Spongiaires, les Polypes, les Acalèphes, les Échinodermes, les Rotifères, et beaucoup d'Annélides, tels que les Dorsibranches parmi les Terricoles, les Naïs

et tous les Suceurs, sont purement aquatiques, et ne vivent pas en dehors des eaux. Parmi les Mollusques, les Tuniciers, les Acéphales, les Ptéropodes, les Hétéropodes, la plupart des Gastéropodes, les Brachiopodes, les Céphalopodes sont aquatiques. Parmi les Articulés, plusieurs ordres ont non seulement leurs groupes aquatiques, mais beaucoup d'entre eux qui sont terrestres. Tels sont, parmi les Névroptères, les *Subulicornes* et les *Planipennes*, dont les larves vivent dans l'eau jusqu'à leur métamorphose. Parmi les Hémiptères, les Hydromètres vivent sur l'eau, les Hydrocorises sont aquatiques. Les genres Tipule, Cousin, Stratiome et Hélophile déposent leurs larves dans l'eau, où elles subissent leur première métamorphose. Les Hydromyzètes vivent dans les lieux aquatiques ; les Hydrocanthares, qui vivent dans l'eau à l'état de larve, sont amphibies à l'état parfait ; les Hydrophiles sont aquatiques. Parmi les Arachnides, les Argyronètes vivent dans l'eau. Presque tous les Crustacés sont aquatiques ; tous les Cirripèdes sont marins.

Toute la classe des Poissons est aquatique, et peu d'entre eux sont propres à des pérégrinations terrestres. Parmi les Reptiles, presque tous les Batraciens sont aquatiques ; les Chéloniens sont dans le même cas. Une partie des Sauriens est amphibie ; les Ophidiens seuls renferment plus de genres terrestres que les autres animaux de cette classe. Deux ordres d'Oiseaux sont aquatiques ou du bord des eaux ; et parmi les Mammifères, êtres les moins aquatiques en apparence, les Cétacés et les Phoques des divers noms, les Morses, sont marins, et condamnés à vivre dans l'eau.

On peut compter parmi les Carnassiers, les Loutres et les Aonyx, les Genettes, la Mangouste ; parmi les Marsupiaux, les Chironectes, les Koalas, les Potorous ; entre les Rongeurs, des Gerboises, des Gerbilles, certaines espèces de Rats, plusieurs Campagnols, les Ondatras, les Potamys, les Castors, les Cabiais ; parmi les Édentés, l'Ornithorhynque, les Rhinocéros, les Babiroussas, les Sangliers, l'Hippopotame ; parmi les Pachydermes, certaines Antilopes, plusieurs Ruminants, vivent dans les eaux ou sur leurs bords. Seulement, à mesure qu'on approche des degrés supérieurs de l'échelle des êtres, la terrestréité augmente, et les habitudes cessent d'être aquatiques.

Les végétaux sont dans le même cas ; et sans compter les végétaux inférieurs parmi lesquels des groupes entiers sont essentiellement aquatiques, nous avons, dans les deux grandes classes des monocotylédones et des dicotylédones, beaucoup de végétaux qui croissent dans les eaux ou sur leurs bords. Les plantes des terres sèches sont peu nombreuses, et, dans ce règne comme dans l'autre, l'élément aqueux est le plus fécond. Si l'on énumère les animaux des montagnes et des lieux arides et brûlan's, on trouve fort peu d'entre eux qui appartiennent essentiellement à ces habitats spéciaux. Les conditions qui déterminent l'habitat sont, pour la plupart des êtres, la puissance de leurs moyens de locomotion, qui leur permet des déplacements rapides, et leur fait changer d'habitat sans trop de précaution, assurés qu'ils sont de pouvoir retourner aux lieux qui conviennent le mieux à leurs conditions d'existence, La nourriture varie encore l'habitat : la plupart des animaux erratiques ou migrateurs n'ont pas d'autre cause que la disparition momentanée des espèces animales ou végétales qui leur servent de nourriture; et comme les animaux seuls peuvent se soustraire par la fuite à la voracité de leurs ennemis, il en résulte que certaines migrations en appellent d'autres. Je citerai le Hibou barré, qui accompagne les Lemmings dans leurs voyages et s'en repaît. Les Émerillons s'attachent aux pas des Cailles quand elles émigrent, et chaque jour quelques unes des innocentes voyageuses servent à la nourriture de leur escorte. L'eau, plus homogène que l'air, compte parmi ses habitants des migrateurs de tous les ordres. Leurs migrations présentent même cela de particulier, que non seulement ils passent d'un lieu à l'autre dans un même milieu, à des distances prodigieuses sous des latitudes opposées, et malgré la différence de la salure des régions marines qu'ils visitent ; mais même ils passent dans les eaux douces et courantes d'où ils remontent du cours principal dans les affluents, et d'autres accomplissent des pérégrinations plus difficiles à

travers les terres sèches pour aller habiter les eaux stagnantes.

On a opposé aux partisans de l'évolution et de l'influence des modificateurs ambiants sur les êtres organisés la limitation de l'habitat de certaines espèces dans des localités circonscrites, la possibilité où elles se trouveraient de vivre dans d'autres régions dont le milieu est semblable, et leur absence de certains points identiques pour la température, et les conditions d'existence avec une autre contrée où ils se trouvent en grand nombre. Tel est le Roitelet couronné qui se trouve dans nos environs, et est étranger à la Faune de l'Angleterre, tandis que le Roitelet rubis se trouve dans l'Amérique septentrionale, et que le Roitelet commun se trouve partout. On demande encore pourquoi le Faucon commun, répandu sur tous les points du globe, est étranger à l'Afrique, etc. Ces questions sont loin d'être des objections aux idées théoriques admises. Il est évident que beaucoup d'animaux pourraient vivre dans des régions où ils ne se trouvent pas, et qu'ils finissent par habiter quand on prend la peine de les y transporter ; mais ceci confirme la loi qui veut que le jeu des organismes, s'effectuant dans un temps donné entre certaines limites, fasse apparaître sur un point des formes étrangères sous certains rapports à celles qui se trouvent communément sur un autre point; car la vie organique, représentée dans ses évolutions par des formes corrélatives, n'a pas besoin de l'être par des formes identiques. Ainsi, que les Insectivores soient des Mammifères cheiroptères ou talpiens, des Sylvies ou des Figuiers, des Souimangas ou des Colibris, des Lézards ou des Geckos, parmi les Ophidiphages des Messagers ou des Cigognes, peu importe, pourvu qu'il se trouve des formes correspondantes à la loi qui veut que dans l'évolution des êtres il se trouve pour chaque ordre un être qui dévore certains autres, lui servant de nourriture. L'étroite limitation des formes n'est donc pas la loi générale de la nature vivante; elle est variée dans ses manifestations, sans autres bornes que la loi qui préside au jeu des manifestations morphologiques.

Un naturaliste anglais, Mr. Swainson, le plus ardent défenseur des idées bibliques, et l'antagoniste le plus véhément des zoologistes français et de l'école philosophique, et qui combat les modificateurs ambiants en invoquant des principes contraires, a opposé à ces idées des petites vues de détail qui ne peuvent détruire les vues d'ensemble. Chaque problème organique auquel peuvent s'appliquer les deux théories est expliqué par lui à son point de vue absolu ; mais dans une question d'une incertitude si grande, on ne peut guère que constater des faits. La seule justification des théories est l'application de plus en plus rigoureuse des faits aux idées générales, les seules qu'on puisse se permettre.

Les habitats sont donc pour les êtres des milieux pesant sur eux de tout le poids de l'influence des modificateurs généraux, ou bien ils ne les compriment que médiocrement, et ne les retiennent que par les habitudes qui leur sont imposées et qui constituent leurs mœurs. C'est ainsi que, placés dans des circonstances diverses, et sous l'influence des poursuites incessantes de l'homme ou de toute autre forme animale dominatrice, les animaux modifient leurs mœurs, et deviennent avec la suite des siècles les habitants de régions différentes qui modifient leur habitat. Le Bison, occupant des terres basses et humides, chassé par l'homme vers les montagnes rocheuses, devient chaque jour de plus en plus un habitant des terres sèches. L'Ane, animal des montagnes à l'état sauvage, est devenu, sous l'influence de la domesticité, le docile et patient habitant de toutes les terres, depuis le bord des eaux jusqu'aux contrées les plus arides. Certaines espèces d'oiseaux nichent aussi bien au milieu des roseaux que sur des arbres élevés ; et il résulte de l'observation que chaque fois qu'un être est soumis à des influences nouvelles, il fuit ou cède, et ses mœurs se modifient ; toujours, pourtant, dans les limites de son organisme qui n'est pas profondément modifiable, à moins d'une longue succession de siècles, et d'un changement dans l'ensemble de leurs conditions d'existence. Or c'est ici le cas de répéter ce que j'ai déjà dit au commencement de cet article : c'est que la diversité des espèces n'est autre que le jeu des formes typiques suivant les influences ambiantes. Chaque type, conservant ses caractères généraux, n'a de durée que pendant un temps limité par l'état station-

naire du globe, et ses oscillations n'ont lieu que dans certaines limites ; ils exigent, pour se modifier d'une manière définitive, la persistance des conditions nouvelles d'existence. Chaque type a sa capacité de modification, qui est inégale, suivant la capacité des races et des types ; c'est ainsi que, tandis que les Sangliers domestiques changent suivant le temps et les lieux, et que leurs modifications ne portent que sur la structure des pieds, nos Chiens, plus anciennement sans doute réduits en esclavage, se sont métamorphosés de manière à devenir méconnaissables, et le Mouton, quoique présentant des races variées, ne s'est que peu profondément modifié. La loi qui domine toutes les autres est celle des lignes isothermes, qui, en répartissant sur toute une série de régions une température égale, y identifie les formes en les appropriant au milieu ; de là la représentation des formes typiques par des variations correspondantes ; et les manifestations organiques ne se transforment que quand les lois isothermiques se modifient, avec les variations que présentent les types spéciaux dans chacun des centres d'évolution.

Quelques formes, il est vrai, telles que le *Pristonychus complanatus*, qui existe simultanément dans l'Europe australe, l'Afrique septentrionale et au Chili, se trouvent dans des habitations fort opposées, sans qu'on puisse s'expliquer leur présence autrement que par un transport accidentel, ou la transformation d'un même type d'après des mêmes lois.

L'habitat des animaux a été théoriquement représenté par un centre, d'où émanaient en rayonnant les différentes espèces qui disparaissaient dès que les milieux changeaient assez pour les empêcher de vivre. Je crois que dans beaucoup de cas l'irradiation des êtres affecte la forme circulaire ; cependant la figure affectée par la répartition des animaux ne place pas toujours le type au centre. Quelquefois c'est une zone plus développée sur un point que sur un autre, suivant la tendance des types à devenir septentrionaux ou méridionaux ; mais comme chaque habitat est modifié par la configuration des lieux, les cours d'eau, les forêts, les montagnes, les prairies, les plaines en culture, il est évident que, pour chaque animal, il est dans son habitat des modifications irrégulières qui viennent des sinuosités que suit sa station propre. Les animaux des terres sèches longent les cours d'eau qu'ils ne peuvent franchir, et en suivent les détours ; ceux qui sont doués de moyens de locomotion passent les zônes qui ne leur présentent pas les conditions propres à leur habitation, et vont, soit parallèlement, soit dans d'autres directions, rechercher une station semblable à celle qu'ils ont quittée ; ils contournent les obstacles, et décrivent dans leur distribution mille figures capricieuses ; mais toujours il est un point fixe plus ou moins étendu, qui est celui qui convient le mieux à l'organisation de l'animal, et il faut pour cela ne pas chercher toujours le plus grand développement des formes, ce qui n'est qu'un simple accident, mais la région où il présente à la fois la plus grande population et la plus grande variété dans le jeu du type. Cependant il en est des animaux comme des végétaux, ils changent de station, et modifient ainsi leur répartition géographique. C'est ainsi que, d'après M. Warden, les Abeilles d'Europe, transportées aux États-Unis, franchirent en quatorze années le Mississipi et le Missouri, ce qui fait une distance de 800 kilomètres.

Quoiqu'il soit difficile de suivre les animaux migrateurs dans leurs voyages, on n'en peut pas moins assigner à chaque groupe son double centre, c'est-à-dire celui où ils séjournent pendant un temps plus ou moins long ; car on ne peut regarder comme appartenant à leur habitat les lieux intermédiaires où ils s'arrêtent pendant une journée dans le cours de leurs voyages. Leur habitat réel est le lieu où ils font leur nid ; et parmi les Oiseaux voyageurs, il y en a qui font une double couvée.

Les habitats sont composés de *stations*, qui en sont tous les anneaux intermédiaires : or, les stations, dans l'acception philosophique du mot, sont les diverses modifications des milieux généraux ; et chacune d'elles, possédant en particulier ses influences spéciales, réagit sur les êtres qui y sont soumis. En d'autres termes, ce sont, suivant les lois qui règlent l'organisme, tous les milieux habitables peuplés d'êtres des différents ordres. Chaque station particulière n'est pas exclusivement propre à une

seule forme ; les êtres qui composent un groupe sont répartis souvent dans différentes stations. C'est ainsi que nous voyons des Marmottes sur les montagnes, et une sur le bord des eaux ; des Gerbilles sur les bords glacés de la baie d'Hudson, et une dans les déserts brûlants qui bordent la mer Caspienne. L'*Arvicola saxatilis* vit dans les lieux rocailleux de la Sibérie, et les *Arvicola amphibius*, *riparius*, *niloticus*, sont aquatiques. Certaines Fauvettes vivent au milieu des Joncs et sur le bord des eaux, où elles nichent, d'autres dans les taillis ; les Martins - Pêcheurs vivent au bord des ruisseaux, et les Martins - Chasseurs dans les sables ; chez les Insectes, on trouve dans un même genre des individus des terres sèches, des eaux douces et des eaux salées. En général, quand les groupes sont nombreux en espèces, il est rare de ne pas trouver une grande variété dans les stations, mais le plus souvent cependant des stations du même ordre ; car les changements d'habitat sont assez rares et font exception.

On peut adopter pour les végétaux comme pour les animaux une dizaine de stations différentes ; et si elles ne s'appliquent pas à des êtres de tous les ordres, elles ne peuvent manquer de trouver leur vérification, puisque de chaque végétal aquatique ou terrestre dépend la vie de plusieurs êtres, qui servent eux-mêmes de nourriture à des animaux d'un ordre plus élevé.

Ainsi nous avons pour stations : 1° *la mer*, la plus vaste de toutes, qui sert de milieu aussi bien que de station à des myriades d'animaux de tous les ordres.

2° *Les bords de la mer*, qui partagent souvent avec les eaux elles - mêmes la prérogative de nourrir les mêmes animaux, et qui sont visités par une foule d'animaux pélagiens.

3° *Les eaux douces courantes et stagnantes*, qui ont encore leur population spéciale, et servent souvent aussi à l'habitation d'êtres qui viennent des mers.

4° *Les eaux saumâtres*, moins richement habitées, mais animées sur tous les points par des Annélides, des Crustacés et des Infusoires.

5° *Le bord des eaux douces*. Les petits amphibies et les Insectes qui habitent les eaux douces viennent souvent sur leurs bords ; c'est là que se sèchent les Insectes dont les larves ont passé leur jeunesse au sein du liquide. Les petits Oiseaux insectivores s'y établissent et y font leur nid ; ils y guettent les Insectes qui fréquentent les eaux. Les végétaux qui croissent dans les eaux ou sur leurs bords y attirent une population d'Insectes qui y sont spéciaux.

IV. *Des Flores.* Les végétaux, par leur abondance et leur rareté, leur nature et leur mode de dissémination, leur habitat et leur station, présentent une variété qui retentit sur tout ce qui l'environne. La population zoologique d'une contrée est en rapport direct avec la Flore. Aux lieux où abondent les plantes aquatiques dont les graines servent de nourriture aux Palmipèdes, se trouvent des oiseaux de cet ordre qu'elles y attirent ; et si la nourriture est abondante et facile, ils y restent : tels sont les Sarcelles et les Canards, dont on trouve des couvées dans nos marais, quoique ces oiseaux soient essentiellement migrateurs ; si une circonstance fait disparaître ces végétaux, les oiseaux d'eau s'en retirent, et la Faune se modifie. Les Flores changent peu par elles-mêmes, à moins que ce ne soient des formations de tourbières qui amènent avec la suite des temps le desséchement des marais. Tous les changements apportés dans la nature des végétaux d'une contrée, et par suite de leur dépopulation la disparition des animaux qui se rattachaient par leurs habitudes à la conservation de leur existence, sont le résultat de l'influence de l'homme. Les bois ombragés sont les lieux propres à la croissance spontanée des Champignons et des Insectes mycétophages vivant entre leurs lames ou dans leurs tubes ; si, par un déboisement temporaire ou continu, les lieux ombreux où croissaient les Champignons viennent à être découverts, leur développement est indéfiniment suspendu ; les circonstances qui favorisaient leur production cessent, et avec eux s'éteint la population des insectes qui en faisaient leur nourriture. Les pays humides et boisés devenant secs et stériles après leur déboisement, il est évident que tous les animaux qui vivaient à la protection de l'ombrage des forêts, émigrent ou dépérissent. Les forêts vierges du Brésil, si riches en Insectes, en Oiseaux et en animaux de toutes sortes, ont produit après

leur incinération des herbes dures et sèches qui ne recèlent plus d'animaux. Chaque modification introduite dans la culture, chaque plante nouvelle importée dans une contrée, y introduit des animaux nouveaux ; c'est ainsi que le *Sphinx atropos* n'existe que dans nos cultures de Pommes de terre, et non ailleurs ; et partout où cette plante n'est pas cultivée, on ne trouve pas ce Sphinx. Chaque végétal nourrit sa population d'Insectes, quelquefois plusieurs qui lui sont propres et ne se trouvent pas ailleurs. Il est évident que la destruction de ces végétaux détruit les Insectes qui vivaient à leurs dépens, et l'on comprend que dans un pays où, par suite de sa mise en culture, de grandes et vastes prairies viendraient à être converties en terres arables, les Gallinacés qui vivaient sous leur protection et les Insectes que recélaient leurs herbes élevées, les Oiseaux insectivores qui les recherchaient comme une proie, les Mammifères herbivores qui en broutaient l'herbe, et les Carnassiers qui y venaient attendre des victimes, fuiront ces lieux stérilisés. Les lieux dont la Flore est pauvre sont peu riches sous le rapport zoologique, tandis que les pays riches en végétaux ont une Faune très étendue : aussi, de tous les pays, l'Amérique du Sud, boisée, traversée par de grands fleuves, non dévastée par l'homme qui vit sur le littoral, est le continent le plus riche en animaux ; tandis que les vastes plaines de sables de l'Afrique, où croissent comme à regret quelques végétaux rabougris, ne contiennent que quelques rares animaux. Les climats septentrionaux dont la Flore est si pauvre sont peu peuplés ; et à part quelques animaux sauvages, des Oiseaux migrateurs qui y viennent en été établir leurs nids, des Mammifères marins qui peuplent leurs mers, et quelques Carnassiers terrestres le plus souvent affamés, il n'y a qu'un petit nombre d'animaux qui puissent habiter ces contrées désolées.

V. *Des Faunes.* Les associations animales sont solidaires, et la disparition définitive ou momentanée d'êtres de certaines classes influe sur la population zoologique d'une contrée. Les migrations de Lemmings et de Sauterelles ; celles des grands Cétacés qui voyagent d'un pôle à l'autre, et changent souvent de station ; les apparitions régulières ou accidentelles d'Oiseaux granivores ou insectivores, font disparaître soit directement les êtres qui leur servent de proie, soit indirectement en détruisant les végétaux qui les nourrissent. L'équilibre zoologique n'est pas toujours anéanti pour cela, il n'est que troublé; les influences destructrices passées, tout rentre dans l'ordre; cependant il est des circonstances où une population tout entière est anéantie, et, dans ce cas, les animaux des différents ordres sont, pour l'Homme, des auxiliaires puissants. J'ai parlé, à l'article coucou, de la destruction des Oiseaux insectivores dans un canton de l'Allemagne, qui fut privé de ces hôtes aimables pendant près de dix années, et fut infesté de Chenilles et d'Insectes qui, à l'état de larves ou d'Insectes parfaits, leur servaient de nourriture. L'introduction des Secrétaires dans les Antilles, protégée par les lois, eût anéanti la race des Trigonocéphales, et la population des Reptiles est maintenue dans d'étroites limites, dans les contrées marécageuses, par la présence des Échassiers. Quelques Calosomes apportés sur une promenade publique, dont les arbres étaient dévorés par les Chenilles processionnaires, détruisirent jusqu'à la dernière ces larves voraces. L'introduction, en Europe, des Surmulots a fait disparaître le Rat noir, qui est devenu assez rare que pour que bien des naturalistes ne l'aient jamais observé vivant. Les Allemands, dont l'intelligente patience triomphe de tant d'obstacles, ont appelé au secours de leurs vastes forêts d'arbres verts les Ichneumons, qui détruisent les larves xylophages. Un groupe enlevé d'une contrée réagit sur une partie de la Faune, en favorisant ou en supprimant certains êtres avec lesquels il est en rapport. C'est là qu'existe une solidarité véritable dans la nature organique, et que les êtres des deux règnes s'appuient les uns sur les autres, se soutiennent, s'étaient de telle sorte qu'un changement à une extrémité de la chaîne organique retentit de chaînon en chaînon jusqu'à l'extrémité opposée. La vie n'en est pas pour cela changée dans ses manifestations, car elle est indépendante des formes; et la nature, malgré la prévoyance que lui prête l'école biblique, ne se préoccupe pas des organismes, qui tous ont la même importance, et correspondent à des lois fixes et immuables. L'influence qui crée le Byssus, celle qui produit le Chêne, le Colibri, la Taupe ou l'Homme, ont leurs limites fixes, et l'harmonie de l'organisme n'est autre que l'enchaînement qui rattache les uns aux autres tous les êtres en les faisant vivre aux dépens les uns des autres. La vie ne s'entretient que par la mort et la destruction, et l'harmonie existe aussi bien sur une terre dénuée de Mammifères et d'êtres appartenant aux autres classes qu'elle a lieu sur notre continent, où la série zoologique est au grand complet. Quand on étudie la nature dans ses détails, et qu'on voit chaque groupe présenter dans son ascendance la réalisation de la loi d'évolution, on comprend que l'harmonie existerait tout aussi bien sur un point donné avec quelques anneaux de la série qu'avec la série tout entière, chaque lieu et chaque réunion d'agents organisateurs produisant ce qu'ils peuvent produire. On peut donc, par l'étude d'une partie de Faune, déduire le reste de la population zoologique. Ainsi, partout où les Insectivores sont nombreux, on peut dire que la végétation est riche et luxueuse; les Arachnides annoncent les Diptères; les petits Carnassiers, les Gallinacés, les Oiseaux d'eau et une population ornithologique abondante; les Ruminants cavicornes aux formes pesantes, des savanes ou des prairies humides, ceux aux formes sveltes des rochers et des broussailles, et à côté d'eux de grands Carnassiers; les plénicornes des forêts élevées et des lieux couverts; enfin, à côté de chaque groupe ou phytophage, se trouve un autre créophage. Telle est la loi d'harmonie: c'est que les organismes se servent mutuellement d'appui.

VI. *De l'homme.* De tous les animaux qui exercent une influence puissante sur les êtres qui les entourent, l'homme est celui qui modifie le plus profondément la nature organique. Le règne végétal, plus directement sous sa dépendance, subit des changements extraordinaires; des groupes entiers disparaissent sous l'influence de la culture; et d'autres, tantôt propres au climat, mais de station différente, tantôt exotiques, remplacent les végétaux indigènes, et s'établissent sur le sol. D'autres fois des défrichements étendus, des dessèchements de terrains inondés, des percements de routes, des creusements de canaux en modifiant les circonstances ambiantes, et les conditions climatériques et météorologiques, changent la Flore locale ; les forêts, foyers d'humidité, paratonnerres vivants qui soutirent l'électricité des nuages, font place à des champs cultivés que stérilise souvent une affreuse sécheresse ; les marais, privés de l'eau qui les abreuvait, par de larges canaux de dérivation, perdent leur caractère floral, et aux plantes aquatiques succèdent les végétaux des terres sèches ; les routes plantées d'arbres élevés changent la direction des vents et modifient les influences générales. Par son industrie, l'homme crée des engrais qui donnent à la végétation une activité surabondante, et deviennent un nouveau foyer de vitalité ; les cheminées des usines, les émanations des cités, les débris animaux et végétaux qu'il rejette comme dangereux et inutiles, sont autant de sources de vie pour les animaux et les plantes. Par ses pérégrinations, il transporte, d'un bout du monde à l'autre, des êtres qui deviennent ses esclaves, ou qui, en s'émancipant, deviennent des fléaux. On trouve aujourd'hui dans nos bois des végétaux d'Amérique ; tels sont l'*Erigeron canadense*, l'*OEnothera grandiflora*, etc. C'est de l'Orient qu'il a rapporté dans ses navires le Surmulot, fléau de nos chantiers, de nos greniers et de nos récoltes. Il a importé du Nouveau-Monde la Punaise, qui pullule aujourd'hui partout : c'est à l'Amérique que nous devons le Dindon et le Hocco ; à l'Inde, le Paon et le Coq ; à la Chine, les Faisans doré et argenté et le Cyprin doré ; à la Perse, l'Ane ; à l'Afrique, la Pintade. D'un autre côté, il a jeté sur les côtes d'Amérique des Taureaux et des Chevaux qui y sont redevenus sauvages, et peuplent d'immenses savanes. Le Cochon a été répandu par lui sur divers points du globe ; par lui des races entières ont disparu : c'est ainsi qu'il a effacé du nombre des animaux de notre planète le Dronte, dont les affinités sont même ignorées de nos jours. Partout où il établit sa demeure, des animaux s'attachent à lui. Le Caracara devient le commensal de chaque cabane ; les Oiseaux de proie se rapprochent de ses basses-cours, les Granivores et les Herbivores de ses champs. En déboisant par incinération

de vastes régions du Nouveau-Monde, il a anéanti toutes les populations entomologiques qui vivaient dans les forêts profondes et ombreuses. Aujourd'hui il fait la chasse à tout ce qui se meut, et sans discernement détruit jusqu'aux animaux les plus utiles. Certes, l'influence qu'il exerce sur la nature vivante est une des plus profondes, et elle le serait plus encore si l'ignorance ne venait sans cesse obscurcir sa raison. Il peut modifier la nature organique, et, avec du temps et de l'intelligence, changer les Faunes, qu'il réduira aux animaux utiles et inoffensifs en faisant disparaître ceux qui lui portent dommage, comme déjà les Anglais ont fait disparaître de leur île le Loup, qui attaque encore nos troupeaux. Les conquêtes de l'homme sont le résultat direct de la civilisation ; partout où s'établit l'Européen, il absorbe ce qui l'entoure, et dans sa propre espèce il fait disparaître les races sauvages, lorsqu'il ne les modifie pas. Il faut seulement que son influence, au lieu d'être brute et désordonnée, soit soumise à la réflexion, et qu'il ne frappe de proscription que les êtres réellement nuisibles. Déjà des mesures ont été prises pour mettre un frein à la destruction brutale des animaux qui l'entourent ; mais ces mesures, purement administratives, sont pleines d'erreurs, faute d'avoir été guidées par la froide expérience des hommes compétents dans une question de cette importance.

VII. *Les divers terrains.* On comprend sous cette dénomination assez impropre les diverses subdivisions des stations résultant de la nature des végétaux qui couvrent le sol, des accidents topographiques et de la constitution géognostique du sol. De tous les points habités, ceux qui offrent le plus de ressources aux animaux qui y résident sont les lieux couverts de bois. Ils renferment une population animale complète, à cause de la diversité des sites, de l'abondance des végétaux, du calme qui y règne, des abris de toutes sortes qui s'y trouvent, de l'abondance des moyens de nourriture animale et végétale, de la facilité pour ses habitants de se soustraire à leurs ennemis, et de la température plus égale.

Les autres localités sont moins habitées, parce qu'elles ne présentent à aucun des animaux qui les habitent les mêmes avantages que les forêts; les plaines humides couvertes d'herbes épaisses et aquatiques ne recèlent qu'une population peu variée; les plaines sèches sont encore moins animées. A mesure qu'elles deviennent plus sèches et plus arides, les animaux y diminuent en nombre et en variété. Tous les lieux ouverts accessibles aux vents brûlants ou glacés et à de brusques changements de température ne peuvent avoir qu'une population limitée, mais spéciale par ses caractères. Les terres cultivées rentrant dans le domaine de l'influence de l'Homme, il en a été question plus haut.

VIII. *Les lieux montueux.* Les montagnes, quelles que soient leurs lignes de partage, leurs chaînes secondaires, rentrent, sous le rapport de la vestiture du sol, dans la catégorie précédente; mais elles en diffèrent sous le rapport de l'altitude. Depuis leur pied jusqu'à leur sommet, elles présentent une grande variété de climats; chacun de leurs versants, chacune de leurs pentes sont, pour les animaux, autant de stations spéciales. La Flore suit cette loi, et les végétaux des montagnes prennent les caractères du climat auquel répondent les hauteurs, sans acception de latitude : aussi rien de plus varié que la Faune des pays montagneux, depuis la plaine la plus basse qui s'étend à leurs pieds jusqu'à la limite des neiges. Les stations alpestres présentent pourtant dans leur Faune des similitudes avec les plaines; mais ce n'est que pour les animaux qui ont des moyens de locomotion faciles; et les Lépidoptères trouvés au Mont-Perdu, par Ramond, prouvent que souvent les insectes ailés s'élèvent dans des régions différentes de celles qui leur sont propres. On arrive, par la comparaison des Faunes des montagnes des différentes chaînes du globe, à constater l'influence spéciale de la station sur les formes animales.

IX. *Les Végétaux vivants et morts.* Les stations végétales ne peuvent pas être prises en masse, mais seulement comme des individus isolés, ayant leur population animale et végétale, qui vit tantôt à l'extérieur, et libre, comme les Reptiles, les Oiseaux et les petits Mammifères, parasites comme ceux qui s'établissent à leur surface ou bien à l'intérieur, comme les insectes ronge-bois, qui en perforent le tissu et vivent de leurs

sucs. Quand la vie a quitté le végétal, les hôtes, qui de leur vivant y avaient établi leur demeure, délogent, et d'autres viennent y déposer leurs œufs et y chercher leur nourriture et leur abri.

X. *Les Animaux vivants et morts.* Les Helminthes qui vivent dans les tissus vivants, les Insectes aptères, les Crustacés, les Entomostracés, les Coléoptères, les Diptères qui vivent en parasites sur le corps des animaux des différents ordres, y ont une station spéciale qui ne cesse, comme pour les végétaux, qu'à la mort de l'animal; car il est dans l'ordre naturel des choses que l'être qui vit de fluides organiques vivants ne puisse en faire sa nourriture quand la mort a dissocié les éléments organisés, et ils quittent les restes de l'être sur lequel ils ont vécu, ou, le plus souvent, meurent avec lui. Quant à ceux qui ont pour station les animaux morts, ils appartiennent à des ordres différents; ce sont surtout des Coléoptères et des Diptères, qui s'y établissent comme larves ou insectes parfaits.

XI. *Les déjections animales et les immondices résultant de débris organisés.* On a établi une station spéciale pour les animaux qui vivent dans les déjections animales; mais elle n'est applicable qu'à un petit nombre d'animaux. D'abord plus parmi les Vertébrés, et seulement parmi quelques les Articulés.

Distribution géographique.

Les êtres répandus sur la surface du globe, depuis l'homme jusqu'aux animaux inférieurs, sont, comme je l'ai dit plus haut, soumis aux lois de dispersion en rapport avec toutes les circonstances modificatrices ambiantes. Chaque classe a sa loi générale, et chaque groupe son centre d'habitation, et ses limites supérieures et inférieures de répartition. Il est donc important d'examiner dans chaque division de la série animale les rapports des groupes entre eux, ceux qui ont des représentants sur les points les plus opposés du globe ou dont les mêmes espèces sont répandues partout, soit comme animaux sédentaires, soit par suite de migrations, et ceux qui sont particuliers à une région ou une contrée, et le caractérisent.

Après ces considérations de distribution climatérique viennent celles d'habitat et de station, qui offrent les moyens de comparer entre eux les êtres des diverses classes dans leurs rapports nécessaires à travers toute la série; et le couronnement de ce travail, qui permet de trouver dans les rapports numériques les enchaînements réciproques des formes, et leur diminution ascendante, à mesure qu'elles deviennent plus complexes, est la statistique des animaux de chaque classe, méthodique d'abord, puis géographique, c'est-à-dire rapportée à chaque région considérée comme centre général d'évolution ou d'habitation.

J'avais cru, en compulsant les species les plus récents, pouvoir trouver à faire une balance satisfaisante des êtres qui composent chaque division zoologique; mais après de longues et pénibles recherches, j'ai reconnu que dans l'état actuel de la science nos species sont bien vagues, et ils le deviennent d'autant plus qu'on descend l'échelle animale : aussi ai-je renoncé à donner pour chaque région des résultats numériques; je ne donne que ceux que je regarde comme exacts, mais sans m'être occupé de soumettre à aucune révision les méthodes adoptées par les auteurs, ni de discuter la valeur des espèces. Ce travail, quelque incomplet qu'il soit, n'en est pas moins un premier jalon pour l'étude comparative de tous les êtres de la série zoologique.

Le fait capital mis en évidence par ce travail est l'insuffisance de nos connaissances actuelles sur la distribution géographique des animaux, et l'impuissance où nous sommes de rien publier de complet sur cette matière : seulement, les faits généraux mis en évidence et les déductions qu'on en peut tirer, l'ensemble du travail qui embrasse la généralité des animaux, donnent de l'importance et de l'intérêt à ce coup d'œil sommaire.

Spongiaires. Sur les limites du règne animal, au point où les organismes animaux et végétaux sont dans un état d'oscillation qui jette le doute dans l'esprit des naturalistes, se trouvent les Spongiaires, qu'on a, je ne sais trop pourquoi, relégués après les Diatomées, les Zygnema, etc. Ces êtres ambigus semblent être des Polypes agrégés, même les Spongilles, les plus obscurs de cette classe. Ces Polypes de nos eaux douces, dont on connaît quelques es-

pèces douteuses encore, n'ayant été étudiés qu'en Europe, on ne connaît pas leur diffusion géographique; mais il est évident que des recherches attentives dans les eaux douces des autres régions du globe amèneront la découverte d'un grand nombre d'espèces nouvelles, et peut-être même de genres nouveaux.

Quant aux Éponges, elles sont mieux connues, et l'on en évalue le nombre à au moins 300, dont près de 200 sont décrites et dénommées; mais il en est près d'un quart dont on ignore l'habitat.

Il en est de ces êtres comme de la plupart de ceux qui, par leur mode d'existence, échappent à l'œil des observateurs, on en trouve un plus grand nombre sur les points les mieux explorés.

Les espèces cosmopolites appartiennent surtout à l'Europe. Ainsi, l'Éponge commune se trouve dans la mer du Nord, dans la mer Rouge et dans l'océan Indien : la lichéniforme est répandue dans plusieurs mers; la brûlante se trouve à la fois dans l'Océan, sur les côtes d'Afrique, dans la mer des Indes, dans l'Amérique septentrionale. L'Éponge palmée se représente sous une forme un peu différente dans les mers d'Australie. Parmi les espèces propres à l'océan Indien, il en est trois qui se trouvent ailleurs : la flabelliforme et la junipérine se retrouvent sur les côtes de l'Australie, et la digitale en Amérique. L'Éponge de Taïti vit également dans les mers Australes.

L'Europe en possède 35 espèces, dont une, la dichotome, est propre à la fois à la Méditerranée et à la mer du Nord; la feuille morte ne se trouve que dans la mer du Nord.

On ne connaît qu'un petit nombre d'Éponges d'Afrique, et une, l'É. corbeille, se trouve sur les côtes de Madagascar.

L'Éponge usuelle habite les mers d'Amérique. L'Amérique du Sud en possède 20 espèces, l'Amérique du Nord 4 seulement; et le Groënland en nourrit 2, la comprimée et la ciliée.

Quant à l'Australie, explorée avec un soin si minutieux par tant de naturalistes, elle en possède en propre plus de 50 espèces.

Il en est de ce genre comme de tant d'autres : il exige, avant d'être fixé, une épuration rigoureuse, qui réduira sans doute beaucoup le nombre des formes spécifiques.

Infusoires. Il ne peut guère être question de la répartition géographique des Infusoires ; car les êtres de cette classe sont peu connus, et les études dont ils ont été l'objet n'ont eu lieu que sur des points très bornés. Ainsi Müller les a étudiés en Danemark ; Ehrenberg, en Prusse et dans son voyage en Afrique ; Dujardin, dans le midi de la France et à Paris. On n'en peut donc rien dire, sinon que l'habitation de la plupart sont les eaux douces stagnantes ou courantes, la mer, les infusions, les déjections animales et les fluides animaux. Certains genres, tels que les Amibes, les Gromies, les Monades, les Hétéromites, les Diselmes, les Enchelydes, les Plæsconies, les Acomies, les Vorticelles, etc., possèdent des espèces marines. Parmi les Infusoires asymétriques, beaucoup sont des eaux douces, et se trouvent à la fois dans les eaux stagnantes et courantes, dans celles conservées avec des débris végétaux, ou même dans les infusions artificielles. Les Amibes se trouvent également dans l'eau de fontaine conservée avec des végétaux, dans l'eau des marais et dans l'eau courante, telle est l'Amibe diffluente ; celle de Gleichen se trouve dans de vieilles infusions de Mousses, de Fèves, de Pois, etc. Les Halteries, les Amphimonas, les Actinophrys sont dans le même cas. D'autres, tels sont les Bacterium, les Spirillum, les Chilomonas, les Hexamites et les Trichodes, n'ont été observés que dans des infusions. On trouve une espèce d'Hexamite dans les intestins des Tritons ; les deux espèces du genre Trichomonas habitent, l'une l'intestin du *Limax agrestis;* l'autre a été observée dans du mucus vaginal altéré. Les Leucophres paraissent vivre exclusivement dans l'eau des Anodontes et des Moules, dans le liquide intérieur des Lombrics et dans l'intestin des Naïs. Les Opalisus ont été trouvées dans le corps des Lombrics, et dans les déjections des Grenouilles et des Tritons. On trouve l'*Albertia vermicularis* dans les intestins des Lombrics et des Limaces. Quelques genres, tels que les Dileptes, les Loxophylles, les Nassules et les Holophres, n'ont pas été trouvés dans les infusions.

Il résulte des observations de M. Dujardin comparées à celles de M. Ehrenberg, que certaines espèces sont répandues dans les climats opposés ; et l'on a constaté l'existence, dans les eaux douces d'Allemagne, de Danemark, de France et d'Italie, des genres Lacinulaire et Mélicerte.

Certains Infusoires ont été trouvés en pleine activité pendant les mois les plus froids de l'année ; ce qui donnerait à penser que, jusque sous les pôles, la vie persiste, malgré la rigueur du froid ; mais seulement sous la forme des Infusoires.

L'habitat des Infusoires, surtout dans les infusions et les eaux douces, c'est-à-dire dans les petites masses d'eau, confirmerait la loi établie par Buffon que le développement des formes est proportionnel à l'étendue du milieu ; car dans les eaux de la mer on ne trouve qu'un petit nombre de formes d'Infusoires, et les espèces y sont proportionnellement peu nombreuses, si l'on en excepte les mers du Nord : telle est la Baltique, dont la phorphorescence est due à des *Peridinum* et des *Ceratium ;* dans les autres climats les Polypes, les Tuniciers et les Acalèphes, c'est-à-dire des formes plus élevées et plus développées, remplacent les êtres microscopiques des eaux douces.

On peut, en prenant pour base les travaux les plus récents, évaluer le nombre total des espèces d'Infusoires observées à environ 500. Les Symétriques sont au nombre de 4 seulement, les Asymétriques de plus de 400, et les Systolides de 110.

Polypes. Les mers et les eaux douces nourrissent un grand nombre d'animaux de cette classe, dont une partie, telle que les Cellépores, les Crisies, les Sertulaires, les Laomédées, les Galaxaures, les Plexaures, les Alcyons, les Alcyonelles, etc., vivent en parasites sur les Hydrophytes et les corps marins. Les uns, nus et sans aucune enveloppe pierreuse ou crustacée, sont susceptibles de locomotion ; d'autres, renfermés dans un test pierreux ou un tégument chartacé, sont immobiles, et vivent fixés aux corps sous-marins, ou flottent avec les plantes marines après lesquelles ils sont attachés.

Il en est des Polypes comme des autres êtres que leur mode d'existence fait échapper aux investigations les plus minutieuses : c'est qu'on n'en connaît que sur les points les mieux explorés, et l'on ne peut guère juger de la richesse ou de la pauvreté absolue des Faunes de telle ou telle région, quand elle n'a pas été visitée dans toutes ses parties par des naturalistes indigènes ou des voyageurs.

On connaît environ 800 espèces de Polypes, sans compter les espèces douteuses non décrites; et plus de la moitié de ce nombre est formé par les Faunes d'Europe, de l'Amérique méridionale et de l'Australie. On en connaît près de 250 espèces européennes. Il est à regretter dans l'intérêt de la science qu'un grand nombre de ces animaux soient décrits sans désignation d'habitat.

L'Afrique, l'Océanie et l'Amérique septentrionale, moins bien étudiées sous ce rapport, paraissent ne posséder qu'un petit nombre de Polypes, surtout l'Océanie.

On ne trouve pas de géants dans cette famille, si ce n'est dans les Polypiers pierreux, qui, par leur agrégation, forment non seulement des masses énormes, mais encore revêtent des îles d'assez grande étendue.

Il en existe parmi ces derniers un grand nombre qui ne se trouvent qu'à l'état fossile: telles sont les Favosites, les Caténipores, les Ocellaires, les Ovulites, les Polythoès, les Hallirhoés; d'autres comme les Cellépores, les Bérénices, les Flustres, les Astrées, les Méandrines, les Caryophyllées, les Fongies, les Agaricies, les Pavonies, les Eschares, etc., renferment des espèces vivantes et fossiles. Certains g., tels que les Alvéolites, les Lichénopores, les Orbitolites, les Cricopores, etc., semblent de g. sur le point de s'éteindre, ou des débris des genres éteints, puisqu'ils renferment un nombre d'espèces fossiles très considérable relativement aux espèces vivantes, qui, dans chacun de ces genres, ne sont que de une ou deux.

Les formes les plus riches en variations spécifiques sont les Alcyons, les Astrées, les Caryophyllies, les Gorgones, les Antipates, les Corallines, les Sertulaires, les Flustres et les Cellépores, qui émettent autour d'elles une multitude de petits rameaux quelquefois assez divergents, et dont on a créé des g. nouveaux. Au reste, on peut dire que cette partie de la science est dans un état absolu de chaos sous le rapport de la distinction des genres et de la détermination des espè-

ces; et l'on ne trouve aucun accord entre les naturalistes qui se sont occupés de la classification des Polypes, êtres essentiellement polymorphes.

Les genres affectant le cosmopolitisme dans leur diffusion sont: parmi les Alcyons l'A. arborescent, qui se trouve dans les mers du Nord et dans l'océan Indien; et l'Orange de mer, qui remonte en Europe jusqu'aux latitudes glacées de la Norwége, et descend au sud jusqu'au Cap. L'Oculine vierge, plus connue sous le nom de *Corail blanc*, existe simultanément dans la Méditerranée, aux Indes et dans les mers d'Amérique; l'Astrée ananas appartient à la Faune des Antilles et à celle de l'Europe méridionale; le Porite arénacé, à la mer Rouge et à l'océan Indien; la Fongie patellaire, à la Méditerranée et à l'océan Indien; le *Krusensterna verrucosa* se trouve à la fois dans la Méditerranée, dans la mer des Indes, au Kamtschatka et au Groënland. Parmi les Gorgones, quelques unes sont communes à plusieurs régions: c'est ainsi que la pinnée se trouve dans les mers du Nord, dans la Méditerranée, aux Antilles, en Afrique et dans l'océan Indien. On retrouve aux Canaries et à la Nouvelle-Zélande la Coralline officinale avec une trop légère différence dans les caractères pour qu'on puisse la regarder autrement que comme une variété; la Sertulaire argentée se trouve dans les mers d'Europe et en Amérique, l'Acamarchis néritine est dans le même cas; il existe dans les parages des Malouines une variété de la Cellaire salicorne; la Phéruse tubuleuse est un polype de la Méditerranée, qui se retrouve dans les mers d'Amérique et en Chine.

L'Europe est le pays qui fournit le plus grand nombre de Polypes, et elle est riche surtout en Alcyons, en Gorgones, en Corallines, en Sertulaires, en Dynamènes, en Flustres, en Cellépores et en Tubulipores. Une grande partie des espèces qui lui sont propres appartiennent en même temps à la Faune d'autres régions. Elle possède en propre les genres Hydre, Alcyonelle, Melobésie, Orbitolite, Corail, Némertésie, Aétée, Électre, etc.; et en commun, mais sous des formes spécifiques différentes, certains genres peu nombreux en espèces. C'est ainsi que sur deux espèces de Vérétille, le *cynomorium* appartient à la

Méditerranée, et le *phalloides* à l'océan Indien. Sur cinq espèces de Pennatules, quatre sont d'Europe et une des Indes. Sur trois espèces d'Acétabulaires, une est d'Europe, une de l'Amérique méridionale, et l'autre des mers d'Australie. Le genre Eucratée se compose de deux espèces européennes et d'une espèce australienne. En général, on ne voit pas sous ce rapport une analogie bien étroite dans les milieux. Il y a plus d'un tiers des g. sans représentants en Europe.

J'ai déjà parlé de la pauvreté de la Faune africaine, surtout en formes spécifiques propres. Elle a plus de la moitié de sa Faune composée de Polypiers sarcoïdes, surtout d'Alcyons. Elle ne possède qu'un très petit nombre de Polypiers pierreux, encore lui sont-ils communs avec d'autres régions. La mer Rouge nourrit le Sarcinule orgue, qui se trouve fossile en Belgique. Il en est à peu près de même pour les Polypiers flexibles : c'est ainsi que l'Aglophœnie pennatule et la Janie petite se trouvent à la fois au Cap et aux Indes. Le Porite arénacé, ainsi que je l'ai déjà dit, est de la mer Rouge et de l'océan Indien, etc. ; en un mot, sur une centaine de genres, cette région en possède à peine une dizaine.

L'Asie, dont les côtes sont pourtant moins étendues que celles d'Afrique, est plus de trois fois plus riche que cette dernière région. Elle possède à peu près la moitié des genres connus. Les genres les plus nombreux en espèces sont les g. Astrée, Fongie, Caryophyllie, Gorgone, Antipate, Aglaophœnie, etc. Elle possède en commun avec l'Europe un grand nombre d'espèces ; et parmi celles dont elle est le centre réel d'habitation, quelques unes sont répandues dans d'autres mers : ainsi l'Aglaophœnie glutineuse est de l'océan Indien et de l'Australie ; la *Gorgona flabellum* se trouve depuis les Indes jusqu'à la Méditerranée, d'une part, et les mers d'Amérique, d'autre part. Elle partage certains genres avec l'Australie : tels sont les g. Mopsée, Mélitée, Distichopore ; d'autres avec l'Europe : telle est la Vérétille phalloïde, qui rend la mer phosphorescente ; avec la mer mer Rouge, le Tubipore orgue de mer ; avec l'Océanie, le Canda arachnoïde de Timor ; et l'Elzérine de Blainville, qui se trouve également dans les mers d'Australie. Au reste, sa Faune

ne possède aucun genre qui lui soit exclusivement particulier. Quelques genres, propres aux régions tempérées, ne se trouvent pas dans la mer des Indes : tels sont les g. Tubulaire, Cornulaire, Électre, Bérénice, Eucratée, Lafœe, Corail, etc.

Les species n'indiquent, pour l'Océanie, que peu de Polypes appartenant aux g. Elzerine, Canda, Aglaophœnie, Dynamène, Nesée, Coralline, Amphiroë, Antipate ; encore quelques uns lui sont-ils communs avec la mer des Indes. Au reste, les indications géographiques des species sont si vagues qu'on ne peut guère en tenir un compte bien rigoureux, et il est évident que beaucoup d'espèces de l'océan Indien doivent se retrouver dans les parages océaniens.

L'Amérique du Sud, plus riche en Polypes que l'Inde, n'a pourtant pas de Faune générique bien originale ; les species n'en font guère connaître que 150 espèces, et les genres qui y sont le plus abondants sous leurs formes spécifiques sont les genres Porite, Caryophyllie, Gorgone, Halimède, Galaxaure, Flustre, etc. Les côtes de ce vaste continent, dans lesquelles on peut reconnaître trois centres, les Antilles, l'océan Atlantique et les côtes chiliennes, présentent dans leurs formes des caractères communs avec les Faunes des régions qu'ils regardent. L'Amérique méridionale possède en commun avec les mers de Chine : la Caryophyllie sinueuse, avec l'océan Indien ; la Clavaire et la Gorgone Jonc ; avec le Cap, la Flustre granuleuse ; avec la mer des Indes, des Méandrines, des Madrépores, etc. ; avec les Moluques, la Nésée noduleuse ; et avec l'Europe, des Phéruses, des Cellaires, des Astrées, des Loricaires, des Sertulaires, etc., sous les mêmes formes spécifiques. Les Antilles sont riches en Polypes, et l'on y trouve exclusivement les g. Muricée, Cymopolic, etc. Les parages des Malouines possèdent des Flustres, des Dynamènes, etc. On n'y trouve pas de Tubulipores, de Cellépores, d'Héliopores, de Tubulaires, de Vérétilles, de Plumatelles, etc.

L'Amérique septentrionale est peu riche en espèces propres, et les formes spécifiques qui lui sont spéciales appartiennent aux parages de Terre-Neuve et du Groënland. Cette région, qui possède en commun avec l'ancien monde un grand nombre de

Polypes, est pauvre en espèces des grands genres, et quelques uns même y manquent complétement, tels sont les genres dont j'ai signalé l'absence dans l'Amérique du Sud; mais tandis qu'on trouve dans cette dernière région une quarantaine de genres, on n'en compte guère qu'une vingtaine dans la partie boréale du nouveau continent, et ce sont surtout des Polypiers pierreux.

L'Australie est après l'Europe la région la plus riche en Polypes, et ils y sont répartis à peu près dans les mêmes proportions qu'en Europe. Les genres les plus riches en formes spécifiques, tels que les Alcyons, les Astrées, les Gorgones, les Flustres, le sont aussi dans cette région, à laquelle il manque cependant la plus grande partie des Polypiers nageurs; et dans les autres, les formes spécifiques lui sont propres. Sa Faune présente plus de similitude avec l'ancien continent qu'avec le nouveau; cependant on n'y trouve ni Cellaires, ni Tubulaires, ni Halimèdes, ni Millépores, ni Méandrines; et elle possède comme formes spéciales les genres Cabérée, Tibiane, Styline, etc.

Acalèphes. Les animaux qui composent cette classe sont tous habitants des mers, et leur abondance y est telle, que sur certains points ils servent de nourriture aux plus monstrueux Cétacés. Mais il est arrivé pour eux ce qui a lieu pour une partie des animaux inférieurs : c'est qu'ils sont encore mal connus sous le rapport de leur répartition géographique; car dans les mers tropicales et sous les latitudes où la vie est développée avec le plus d'exubérance, la statistique des Acalèphes ne présente que des résultats numériques sans importance, c'est-à-dire que l'Asie et l'Amérique n'en auraient que 27, tandis que les mers d'Europe en nourriraient 163, à moins qu'on ne tire des chiffres connus cette conséquence, que ces animaux sont propres surtout aux régions tempérées et boréales, ce qui est démenti par les assertions des voyageurs. Il est vrai que les eaux glacées du Spitzberg, du Groënland et de l'Islande jusqu'au cap Horn nourrissent une quantité considérable de Médusaires; mais d'après les travaux les plus sérieux des meilleurs monographes des êtres de cet ordre, Péron et Lesueur, le grand Océan austral et les mers équatoriales en sont peuplées; ce-

pendant il résulte de la statistique des Acalèphes qu'on n'en compte pas dans les régions méridionales le quart des espèces connues. Malgré la nature vagabonde des Médusaires et des Béroïdes qui flottent dans la haute mer comme à l'aventure, jouets des gros temps qui déchirent leur tissu délicat et qui sont entraînées au loin par les courants, chaque groupe a son habitat spécial, et c'est là que réunis en nombre considérable ces animaux couvrent souvent plusieurs lieues carrées. Scoresby a calculé que dans les eaux de la mer Verte 1 pouce cube d'eau en contient 64; 1 pied cube, 110,592; une brasse cube, 23,887,872; et un mille carré 23,888,000,000,000,000. Quant à leur distribution géographique, nous trouvons la Noctiluque miliaire très abondante dans la Manche et dans les bassins du Havre; les Lemnisques dans les mers de la Malaisie, et dans la mer du Sud une espèce du g. Ceste; la Lesueurie vitrée habite les côtes de France et d'Italie. Les diverses espèces du genre Cydippe ne dépassent pas au sud la Méditerranée, s'élèvent au nord jusqu'aux côtes du Groënland, et paraissent avoir pour centre d'habitation les côtes de France, d'Angleterre, et particulièrement la partie septentrionale de l'Irlande. Les côtes du Pérou et les parties tropicales de l'Océan austral nourrissent les Eulimènes, qui s'y trouvent par milliers. Les Diphydes, s'y l'on en excepte une espèce du genre Diphye, qui est assez commune dans la mer du Nord, appartiennent aux régions chaudes du globe, et ont pour limites septentrionales la Méditerranée. Les Polytomes sont dans le même cas, excepté le g. Strobile, qui se trouve sur les côtes de Norwége. Parmi les Physophorées, une seule espèce du g. Agalma est répandue dans les parages du Kamtschatka. Les Physalies, les Velelles et les Porpites sont dans le même cas; mais on remarque chez les Acalèphes ce qui se reproduit à travers toute la série organique, c'est que ceux des mers équatoriales brillent des plus belles couleurs, tandis que celles des mers du Nord sont pâles et décolorées.

Parmi les genres dont la diffusion est plus générale, je citerai les genres Eudore, dont une espèce habite la Méditerranée, et une autre les côtes de la Nouvelle-Hollande avec un seul représentant dans chaque hémisphère. Le Béroë de Müller paraît avoir pour résidence habituelle les côtes du Groënland, et descend au printemps sur les côtes de Hollande. L'habitat des neuf espèces qui composent ce genre s'étend depuis le Spitzberg jusqu'aux côtes du Pérou. Le g. *Bougainvillea* est répandu dans les deux hémisphères : une espèce habite les côtes de Norwége ; une autre s'avance vers le sud, et vit près de l'Écosse et de l'Irlande ; et la plus répandue, la Bougainville des Malouines, se trouve depuis les îles Malouines jusqu'au détroit de Behring. Les nombreuses espèces du g. Équorée habitent les deux hémisphères, depuis les côtes de Norwége et du Groënland jusque dans la mer du Sud et les côtes du Chili. Les Cyanées ont une espèce qui habite à la fois la mer du Nord, celle d'Allemagne et les côtes du Groënland. Les Chrysaores ont des représentants dans toutes les mers ; quatre appartiennent à l'Europe, et sont répandues depuis la mer du Nord jusqu'à la Méditerranée ; deux vivent sous les hautes latitudes de l'Asie, et peuplent les côtes des îles aléoutiennes et celles du Kamschatka ; une habite dans les mers chaudes du Brésil, et ce genre est représenté dans les parages des Malouines et de la Nouvelle-Hollande. Les g. Cassiopée, Rhizostome, Calpe, Pélagie, Rhizophyse, Agalme, Velelle, Porpite, sont cosmopolites, quoique représentés par des espèces différentes.

Quelques espèces sont répandues sur une vaste étendue. Ainsi le Callianire triptoptère vit à la fois sur les côtes de Madagascar et dans la mer des Indes ; l'Évagore tétrachère, qui habite la mer Rouge, apparaît au printemps dans la Méditerranée. La Cyanée ferrugineuse se trouve sur les côtes N.-O. d'Amérique et au Kamtschatka : la *Cassiopea frondosa* habite à la fois l'océan Pacifique et la mer des Antilles ; le Calpe pentagone, la Méditerranée et l'océan Atlantique.

Les genres dont l'habitation paraît jusqu'ici exclusive sont, parmi les Béroïdes, les g. Lemnisque, qui se trouve en Océanie ; Chiaia, dans la Méditerranée ; Polyptère, au Cap ; Leucothoé, dans les parages des Açores ; Axiotème, dans la mer du Sud ; Neis, en Australie ; Pandore, au Japon ; Galéolaire, dans l'océan Indien ; Noctiluque, dans

la Manche ; Bipinnaire, en Norwége, etc. Parmi les Médusaires : le g. Épomis se trouve à Taïti ; Euryale, à la Nouvelle-Guinée ; Mitre, dans les mers d'Afrique ; Eurybie, dans celles du Sud ; Microstome, à Waigiou ; Proboscidactyle et Phacellophore, au Kamtschatka ; Eginopsis, dans le détroit de Behring ; Linuche, à la Jamaïque ; Limnorée, à la Nouvelle-Hollande, etc. Plusieurs genres de la famille des Diphydes sont propres à la Méditerranée ; tels sont les g. Ennéagone et Cuboïde ; le g. Amphiroa est des côtes d'Amérique. Parmi les Polytomes, le g. type se trouve dans l'océan Pacifique, et le g. Strobile sur les côtes de Norwége. Le genre Brachysome, de la famille des Physophorées, appartient aux côtes de la Nouvelle-Hollande ; le g. Discolabe, à la Méditerranée ; Angèle, à la Sénégambie ; Athorrhybie, à la Méditerranée ; Apolemiopsis, à la Caroline, etc. Les Physalies, les Velelles et les Porpites ne renferment pas de genres ayant une habitation spéciale.

Échinodermes. Le nombre des genres qui composent cette classe est peu considérable, et se réduisent aux g. Holothurie, Oursin, Astérie ; mais sous ce petit nombre de formes typiques, ils comprennent un grand nombre de formes spécifiques. Ce sont en général des animaux de petite taille, vivant dans la profondeur des mers et doués de moyens de locomotion très bornés. Les trois genres qui, malgré leurs démembrements successifs, sont les plus nombreux en espèces, sont les Holothuries, dont on connaît une soixantaine d'espèces, les Oursins une cinquantaine, les Astéries, environ quarante sur un nombre total d'Échinodermes qui n'est que de 230 environ.

Les genres cosmopolites sont : parmi les Astéries, l'*A. tessellata*, qui se trouve dans les mers d'Europe, l'océan Indien et sur les côtes d'Amérique ; la *papposa*, dont on trouve une variété dans les Indes ; la *ciliaris*, qui existe dans l'Océan austral sous une même forme spécifique ; l'*Asteria echinata*, qui est une espèce à la fois africaine et américaine.

Le *Cidarites metalaria* vit à la fois dans l'océan Indien, à l'Ile de France et à Haïti. L'*Echinometra lucunter*, le *Scutella sexforis* et les Clypéastres sont des Indes et d'Amérique. L'*Echinometra mamillata* est de la mer des Indes et de la mer Rouge.

Parmi les Échinodermes, il y a certaines espèces vivantes dans quelques stations qui se trouvent en Europe à l'état fossile : tel est le Clypéastre oviforme, qui est vivant dans l'Australie et fossile à Valognes.

L'Europe possède plus de 70 espèces d'Échinodermes, parmi les genres Holothurie, dont elle compte une trentaine, Spatangue, Oursin, Astérie, etc. Elle possède en propre les genres Phytocrine et Échinocyame ; mais on ne trouve dans sa Faune ni Clypéastres, ni Scutelles, ni Placentules, ni Encrines.

L'Afrique, beaucoup moins riche que l'Europe, possède dans chacun des grands groupes un certain nombre d'espèces ; et la plupart, appartenant au genre Holothurie, vivent dans la mer Rouge. Elle partage avec l'Amérique l'*Asteria echinata*, et avec l'océan Austral, la Scutelle émarginée. Une partie des genres connus appartiennent aux parages de l'Ile de France A l'exception de l'*Echinometra mamillata*, qui est commune à la mer Rouge et à l'océan Indien, les côtes de ce continent ne nourrissent pas d'Echinomètre. L'Afrique ne paraît posséder en propre aucun genre.

Les mers de l'Inde sont riches en Echinodermes ; mais dans chaque genre elles nourrissent des espèces qui se trouvent dans la Faune d'autres régions. Elle ne possède en propre que l'Encrine Tête-de-Méduse, l'unique espèce de ce genre. Les genres qui y sont sous le plus grand nombre de formes spécifiques sont les Echinomètres et les Oursins.

L'Océanie, qui doit être riche en Echinodermes, n'en possède cependant qu'un très petit nombre, si l'on s'en rapporte aux indications contenues dans les *Species*. Il en est de même des deux Amériques, et les espèces qu'elles nourrissent leur sont communes avec les mers tropicales de l'ancien monde.

Un des points les plus explorés, et qui est aussi riche en Echinodermes que l'océan Indien, est l'Australie ; cependant on n'y trouve ni Echinomètres, ni Placentules, ni Clypeastres, ni Fibulaires. Le genre qui s'y montre sous le plus grand nombre de formes spécifiques est le g. Astérie, et dans les autres genres, les formes spécifiques qui s'y présentent appartiennent en propre à sa Faune.

Tuniciers. Ce sont des animaux exclusivement marins encore mal connus, qui se présentent sous deux formes principales, les Biphores et les Ascidies. Ils ne comprennent qu'un petit nombre de formes génériques, les uns, agrégés comme les Pyrosomes, et libres comme les Biphores adultes, flottent au gré des vagues, et néanmoins habitent exclusivement les mers chaudes et tempérées. Les premiers, connus sous un petit nombre de formes spécifiques, habitent la Méditerranée et les mers tropicales, et ne se rencontrent qu'à une grande distance des rivages ; les Biphores, de plus en plus nombreux en espèces, à mesure que les voyages d'exploration se multiplient, sont plus particulièrement les habitants des pays équatoriaux : on les trouve cependant aussi dans la Méditerranée. Les Ascidiens ne flottent pas comme les Salpiens : ils se fixent aux rochers et aux corps sous-marins à de grandes profondeurs. Les Pulmonelles et les Botrylles sont des êtres encore peu nombreux en formes spécifiques, et n'ont encore été observés que dans nos mers d'Europe. On ne connaît que deux espèces de Distomes : un des côtes de la Nouvelle-Hollande, et l'autre de celles d'Angleterre. Les Ascidies sont plus nombreuses ; on en connaît une trentaine d'espèces assez bien définies. Elles présentent cette anomalie : c'est que, en plus grand nombre dans les mers froides, elles y sont d'une taille bien plus grande que celles qui habitent les mers équatoriales.

Mollusques. La distribution géographique des Mollusques présente un intérêt bien moindre que les animaux susceptibles de locomotion ; car on les voit souvent jetés sous des latitudes opposées, avec des modes de diffusion pour ainsi dire capricieux par leur variété, sans qu'on puisse y trouver d'autre cause que les courants ou des mouvements accidentels des eaux qui transportent au loin des animaux incapables de résister à une impulsion puissante.

Le seul fait qui doive exciter la défiance pour les êtres de cette classe comme pour tant d'autres, c'est que l'Europe, la région la moins favorisée sous le rapport du développement de la vie organique, possède proportionnellement plus de Mollusques que les autres régions du globe ; et l'on remarque que les espèces sont plus nombreuses sur les points le plus souvent explorés, ou sur ceux x ù il s'est établi des naturalistes , par suite du progrès des lumières. C'est ainsi que les États-Unis possèdent dans leur maigre Faune de Conchifères 51 Mulettes sur 87 espèces.

Conchifères dimyaires et *monomyaires.* Les Mollusques bivalves habitant les eaux douces ou salées, et quelquefois, mêlés les uns aux autres à l'embouchure des fleuves , forment un groupe considérable de cette classe, riche en formes génériques dans certaines espèces. Quelques unes , dont je ne m'occuperai pas , sont purement fossiles : tels sont les g. Térédine , Périplome , Gervillie , Catille , Podopside , Inocérame , Productus, Sphérulite, Radiolite, Gryphée, etc.; d'autres , et c'est le plus grand nombre , renferment à la fois des coquilles vivantes et fossiles : tels sont les Arrosoirs , les Fistulanes , les Pholades , les Solens , les Mactres , les Crassatelles , les Tellines , les Donaces , les Cythérées , les Vénus , les Bucardes, les Isocardes , les Trigonies , les Mulettes , les Pernes, les Avicules, les Spondyles, les Peignes, les Huîtres, les Orbicules, les Térébratules, etc. Et dans quelques g., le nombre des espèces fossiles l'emporte sur celui des espèces vivantes : telles sont les Huîtres, dont les espèces vivantes sont au nombre de 53 , et les fossiles de 82 , et les Térébratules, qui comptent 12 espèces vivantes et 102 fossiles. Quelques unes présentent à l'état vivant et fossile les mêmes formes spécifiques, comme le *Teredo navalis*, les *Mya truncata* et *arenaria*, les 3 espèces de *Thracia*, des Lutraires, une Mactre, une Vénus, le *Cardium edule*, l'Isocarde globuleuse, etc. Les genres qui ne renferment que des espèces vivantes sont les g. Cloisonnaire , Gastrochène , Sanguinolaire , Psammobie , Capse , Anodonte , Iridine, Éthérie, Hippope, etc.

C'est dans l'ordre des Conchifères dimyaires et monomyaires que se trouvent les plus grandes coquilles : tels sont les Bénitiers, les Pernes, les Peignes, les Pinnes, les Éthéries , etc. ; et parmi les Tellines , les Donaces, etc., se trouvent les plus petits individus de l'ordre.

Les genres les plus nombreux en espèces sont les Solens, les Mactres, les Tellines, les Donaces, les Vénus , les Bucardes , les Arches, les Pétoncles, les Mulettes, les Moules, les Peignes, les Spondyles, les Huîtres, qui peuvent être considérés comme des types de forme, autour desquels se groupent les formes qui en dérivent et qu'on a divisées depuis en groupes secondaires.

Les g. les plus répandus sont les Solens, dont on trouve des espèces dans toutes les régions géographiques , excepté en Afrique ; et le S. sabre appartient à la Faune d'Europe et à celle de l'Amérique du Nord. Les Anatines, les Mactres, les Tellines sont dans le même cas. On trouve dans ce genre des espèces propres à l'Europe et à l'Amérique, ou bien à la mer des Indes, à l'océan Indien, et à l'Amérique ou à la Nouvelle-Hollande. Les Donaces, les Lucines existent dans presque toutes les régions, excepté dans l'Amérique du Nord. Les Cythérées sont représentées partout sous des formes différentes, et la *morphina* se trouve dans l'océan Indien et à la Nouvelle-Hollande. Les Vénus ont une vaste distribution géographique ; certaines espèces sont cosmopolites : telle est la *Venus verrucosa* , qui se trouve dans l'Océan, les Antilles et en Australie ; la *mercenaria* , qui est à la fois européenne et australienne ; la *marica* est de l'Océanie et des mers d'Amérique ; les Bucardes, les Arches, les Pétoncles, les Cames, les Modioles, les Moules, les Pinnes, les Avicules, les Peignes, les Spondyles, les Huîtres et les Térébratules, appartiennent à la Faune de presque toutes les régions géographiques ; et dans les genres nombreux en espèces , il en est certains qui sont représentés sur les points les plus opposés du globe.

L'Europe est la région la plus riche en Conchifères : elle possède des espèces de presque tous les genres, excepté les Arrosoirs, les Fistulanes, les Capses, les Cyrènes, les Vénéricardes, les Castalies, les Éthéries, les Tridacnes , les Pernes , les Pintadines , les Marteaux , les Plicatules , les Vulselles, les Lingules, etc. Il se présente plus d'un cas où elle possède en commun avec l'Australie, mais sous une forme spécifique différente , des genres peu nombreux en espèces : tels sont les g. Panopée , Érycine , Mésodesme , Saxicave, Pétricole, Vénéruppe, Crassine ; d'autres lui sont communes avec l'océan Indien : les Isocardes, les Cyprines, les Cranchies ; et l'Afrique, la Clavagelle, le g. Thracie ; mais elle n'a en propre que les g. Ostéodesme et Galéome.

L'Afrique est beaucoup moins riche en espèces que l'Europe, et la plupart de ses Conchifères lui sont communs avec la mer des Indes. Elle possède en commun avec l'Europe une Clavagelle, une Mye, une Thracie, un Gastrochène. Une espèce du g. Arche, l'*Arca Helbingii*, se trouve à la fois en Guinée et sur les côtes du Brésil ; le *Mytilus perna*, sur les côtes de Barbarie et sur celles de l'Amérique méridionale ; le *Malleus vulsellatus*, dans la mer Rouge, à Timor et dans l'océan Austral ; et elle n'a aucun g. de spécial dans sa Faune. On n'y trouve ni Pholadaires, ni Solénacées, ni Corbulées, ni Rudistes, ni Brachiopodes ; et les coquilles qui y sont les plus nombreuses sont les Conchifères monomyaires, surtout les Pinnes, les Peignes et les Huîtres. On trouve à Madagascar deux espèces du g. Éthérie, et l'*Arca fusca*, qui lui est commune avec la Barbarie. Les points les plus riches en Conchifères sont : la mer Rouge, les côtes du Sénégal, l'Ile de France et le Nil. Les mers du Cap sont très pauvres en coquilles.

L'Asie, quoique les côtes en soient moins étendues que celles de l'Afrique, a néanmoins presque autant de Conchifères que l'Europe, et possède beaucoup de genres propres à ses parages seulement ; tels sont les g. : Fistulane, dont les 4 espèces connues se trouvent dans l'océan Indien, Cloisonnaire, Tellinide, Corbeille, Tridacne, dont les 6 espèces vivent dans la mer des Indes ; Hippone ; il en est de même des g. Vulselle et Placune. Les grands genres y sont représentés par de nombreuses espèces ; c'est ainsi que l'on y trouve 35 espèces de Cythérées, dont la *lusoria* est propre aux mers de Chine et du Japon ; la *corbicula* lui est commune avec les mers d'Amérique, et la *morphina* avec la Nouvelle-Hollande ; 16 Tellines, dont 1 se trouve en Amérique et 3 en Australie ; 14 Bucardes, 10 Peignes, 12 Spondyles et 14 Huîtres. On remarque parmi les g. Perne, Pintadine et Huître, des espèces qui se retrouvent dans les mers d'Amérique et dans l'Australie.

L'Océanie est pauvre en Conchifères, et si l'on en excepte les g. Solen, Mactre, Bucarde, Arche et Huître, elle ne possède que très peu de genres, et même dans les genres nombreux en espèces, à peine un représentant ; encore parmi les quelques coquilles qu'on y a trouvées jusqu'à ce jour, plusieurs lui sont-elles communes avec d'autres régions : ainsi la *Venus marica* se trouve à Timor et dans les mers d'Amérique, le *Cardium multicostatum* à la Nouvelle-Hollande, l'*Arca antiquata* dans la Méditerranée, sur sur les côtes d'Afrique et dans l'océan Indien. On trouve dans sa Faune une espèce des g. Came et Modiole, qui se trouvent à Timor et dans l'Australie, et l'unique espèce de Térébratule qu'elle possède existe aussi dans les mers de l'Inde.

L'Amérique du Sud, si riche en êtres organisés de toute sorte, et dont les formes sont spéciales, a sans doute, faute d'exploration, une Faune conchyliologique assez pauvre en Conchifères ; et à part l'unique espèce du g. *Hyrio*, elle n'a pas de formes qui lui soient propres. Les g. Vénus, Bucarde, Arche et Moule sont les plus nombreux en espèces. On y voit des espèces qui se trouvent à la fois dans cette région et sur les côtes d'Afrique, et elle possède avec les Moluques le g. Lingule, dont elle a deux espèces. Elle marche presque parallèlement avec l'Océanie, sous le rapport de la distribution des espèces ; mais elle possède des g. qu'on n'a pas signalés dans cette dernière région.

La partie septentrionale du continent américain, pauvre en Conchifères, tant sous le rapport des genres que sous celui des espèces, n'a d'autres genres importants que le genre Mulette, dont elle a 51 espèces, contraste frappant avec la Faune, qui n'est que de 19 g. La plupart de ses g. lui sont communs avec l'Europe, mais sous des formes spécifiques spéciales. On n'y trouve ni Tubicolées, ni Rudistes, ni Brachiopodes.

L'Australie vient après l'Asie pour le nombre de ses Conchifères : les genres qui forment pour le nombre des espèces le fond de sa Faune sont les Vénus, dont elle possède 32 espèces, les Cythérées, les Crassatelles, les Tellines, les Arches, les Donaces, les Moules et les Huîtres. Elle ne possède en propre que le g. Trigonie Quant à ses affinités conchyliologiques, elles sont si confuses qu'on ne peut les déterminer. Elle se rapproche de l'Europe pour certains genres, ainsi que je l'ai dit plus haut, et elle possède des g. qui lui sont communs avec les régions tropicales des deux continents. Toutes les divisions des Conchifères y sont représentés, si l'on en excepte les Rudistes, dont elle ne possède aucune espèce.

Ptéropodes. Ce petit groupe, qui ne comprend qu'un nombre très limité de genres et d'espèces, présente des phénomènes de localisation d'habitat d'autant plus singuliers que, doués d'appareils de natation seulement, et tous d'une taille très petite, ils ne peuvent résister au mouvement des eaux.

Les genres les plus nombreux en espèces sont les Hyales et les Cléodores, les seuls dont on connaisse deux espèces fossiles, et ce sont également ceux qui avec les Clios présentent sous une même forme spécifique le plus vaste habitat.

On n'en connaît pas de réellement cosmopolites; mais, parmi les Hyales, les espèces propres aux mers d'Europe s'étendent de la Méditerranée à la mer des Indes et à l'Australie. Les mers d'Europe nourrissent des représentants de tous les genres de cet ordre, excepté le g. Pneumoderme. La plupart sont de l'Europe méridionale, à l'exception de la *Clio borealis* et de la *Limacina helicialis*, qui habitent les mers du Nord.

L'Afrique occidentale et australe est l'habitat de plusieurs espèces de Clios et de Cléodores, et c'est à la Faune de cette région qu'appartient le *Pneumodermon Peronii*. On n'y trouve ni Limacine ni Cymbulie.

L'océan Indien, à part les espèces qui lui sont communes avec les autres régions, ne possède que deux Ptéropodes, une Clio et une Cléodore, qui se retrouvent dans les mers Australes.

L'Océanie n'a en propre qu'une Clio, deux Cymbulies et deux Pneumodermes, et l'on n'y trouve ni Hyale, ni Cléodore, ni Limacine.

L'Amérique méridionale ne possède que deux genres de Ptéropodes, onze espèces de Hyales et deux Cléodores.

On ne trouve dans l'Amérique septentrionale qu'une espèce du g. Clio, la *miquelonensis*, qui est de Terre-Neuve.

L'Australie n'a que deux espèces de Cymbulie, dont le centre naturel d'habitation paraît néanmoins être les parages des Moluques.

Gastéropodes. Tout résultat numérique serait impossible dans la distribution des êtres de cet ordre, à cause de l'absence de renseignements précis sur l'habitat d'un grand nombre d'espèces et de l'incomplet des species même les plus récents. Cet ordre, qui comprend 32 genres seulement, en renferme plusieurs, tels que les g. Doris, Oscabrion, Patelle, Siphonaire, Fissurelle, Calyptrée, Crépidule, Bulle, Aplysie et Limace, très nombreux en espèces.

Les espèces qui renferment des espèces à la fois fossiles et vivantes sont les g. Oscabrion, Siphonaire, Parmophore, Emarginule, Fissurelle, Cabochon, Hipponice, Calyptrée, Crépidule et Bulle; et la Bulle cylindracée et de Lajonkaire, vivantes dans l'Océan et la Méditerranée, se trouvent à l'état fossile sur plusieurs points de l'Europe.

Dans leur diffusion, certaines espèces sont septentrionales, et se trouvent dans les mers du Nord; telles sont les Tritonies, les Doris, dont une espèce, la *muricata*, vit sur les côtes de Norwége; les Oscabrions cendré et cloporte, la *Patella testudinalis*, appartiennent aux mers glacées; mais la plupart sont des mers tropicales des deux hémisphères.

Les genres à diffusion cosmopolite ne sont représentés que par certaines espèces. C'est ainsi que la *Scyllœa pelagica* se trouve dans l'Océan et en Arabie; le *Chilon squamosus*, dans la Méditerranée et les mers d'Amérique; la Patelle granuleuse se trouve dans l'Europe australe et au Cap; la *mamillaris*, dans la Méditerranée et sur les côtes d'Afrique.

Les Bulles, les Aplysies, les Crépidules, les Calyptrées, les Limaces, les Siphonaires, les Fissurelles, les Doris sont répandus dans toutes les régions avec des modifications dans leur centre d'habitation réelle qui rend les unes plus boréales, d'autres plus tropicales. Ainsi les Limaces, les Aplysies ont leur foyer d'habitation dans les régions tropicales; la plupart sont des mers équatoriales. C'est ainsi que sur 70 espèces d'Oscabrion, il s'en trouve la moitié sur les côtes du Pérou, tandis que dans les mers de l'Océanie, aussi riches en Gastéropodes que l'Amérique méridionale, il s'en trouve une seule espèce, le *Chilon Lyelli*. La distribution des Patelles est plus régulière, et chaque région a ses espèces propres.

La région la plus riche en Gastéropodes, à cause de la minutieuse exploration dont elle a été l'objet, est l'Europe, qui possède presque tous les genres dans ses mers chaudes ou froides, excepté les g. Phyllidie, Oscabrelle, Patelloïde, Parmophore, Hipponice, Onchidie et Parmacelle. Elle partage indistinctement ses formes de Gastéropodes avec toutes les autres régions, et a des genres qui sont à la fois de l'Océan et de la Méditerranée, tels que les g. Eolide, Doris; et d'autres, au contraire, tels que le g. *Glaucus*, ne se trouvent que dans l'Océan, et les g. Théthys et Acère, les seuls propres à l'Europe, Dolabelle, Ombrelle, Testacelle, Vitrine, etc., vivent dans la Méditerranée et la partie australe de l'Europe.

L'Afrique est moins riche en genres que l'Europe, et l'on remarque dans les formes de Gastéropodes qu'elle possède, une tendance à passer à celles de la mer des Indes. La plupart de ses espèces sont de l'Ile de France et de la mer Rouge, telles que les Tritonies, les Doris, dont la mer Rouge nourrit une douzaine d'espèces; une Patelloïde, un Pleurobranche, une Ombrelle, une Bullée, sont de l'Ile de France; l'unique espèce d'Emarginule africaine se trouve dans l'océan Indien et les mers australes. Les genres dont la diffusion est plus générale sont les Patelles, les Fissurelles, etc. Cette région ne possède aucun genre qui lui soit propre.

L'Asie est une région généralement pauvre en formes de Gastéropodes : les Doris, les Patelles, les Phyllidies, les Oscabrions, quelques Bulles, dont une espèce, l'Amooule, lui est commune avec les mers d'Amérique, forment le fond de sa Faune. On n'y signale pas d'espèces terrestres, et parmi les genres Crépidule et Calyptrée, très nombreux en espèces, il ne s'en trouve qu'un très petit nombre dans l'océan Indien. Les seuls genres qui lui paraissent propres sont les g. *Glaucus* et Phyllidie, qui y ont leur véritable centre d'habitation.

L'Océanie, baignée de toutes parts par la mer, est plus riche en Gastéropodes que l'Asie, qui n'a proportionnellement qu'une moindre étendue de côtes, et la plupart des genres y sont représentés; les Doris, les Siphonaires, les Fissurelles, les Calyptrées, les Crépidules, les Bulles, les Dolabelles, les Onchides, y ont un nombre d'espèces proportionnel à la richesse spécifique des genres; c'est même la région dans laquelle

le rapport numérique est le mieux établi. Il ne s'y trouve pourtant ni *Glaucus*, ni Eolides, ni Tritonies, ni Téthys, et les Tritoniens y sont représentés par la *Scylla fulva* dans la Nouvelle-Guinée, et huit espèces de Doris, qui sont répandues aussi bien dans les mers de l'Océanie que dans celles de la Polynésie. Les caractères de sa Faune sont en général plutôt australiens qu'indiens, et elle ne possède en propre aucune forme générique.

L'Amérique méridionale, pauvre en formes génériques, abonde en formes spécifiques. On n'y trouve pas de Tritoniens; mais parmi les seuls Phyllidiens, elle compte une quarantaine d'Oscabrions répandus dans l'océan Pacifique, depuis Panama jusqu'au détroit de Magellan; les mers des Antilles et du Brésil nourrissent une douzaine de Patelles. Le tiers des espèces connues du genre Fissurelle, la moitié des Calyptrées et des Crépidules appartiennent à ces mers; mais, tandis que la plupart des Fissurelles sont de l'océan Atlantique, les Calyptrées sont de la mer Pacifique, et les Crépidules sont répandues avec assez d'égalité dans les deux mers. Les autres genres y sont plus rarement représentés, et l'on y signale à peine quelques Limaciens, ce qui vient sans doute de l'absence d'exploration.

Quant à l'Amérique du Nord, elle paraît être, de toutes les régions géographiques, la plus pauvre en Gastéropodes; presque tous les genres y manquent, et sa Faune ne se compose que d'un très petit nombre de formes spécifiques, encore sont-ce seulement des formes propres aux parties chaudes de cette région sur les deux mers.

L'Australie, dont le caractère zoologique est océanien, abonde en genres de toutes sortes et a des formes spécifiques nombreuses dans chaque groupe. Quoiqu'elle n'ait pas de genre qui lui soit exclusivement propre, elle possède des représentants de tous les genres, excepté les Cabochons, les Dolabelles et les Aplysies. Les genres qui y sont le plus nombreux en espèces sont les Oscabrions, les Patelles et les Patelloïdes. Elle possède en commun avec les Mariannes, mais sous une forme spécifique différente, le g. Hipponice, et avec l'Europe et les Canaries, le g. Vitrine, dont une espèce a été trouvée à l'île Western.

Trachélipodes. Cette grande division des Mollusques comprend des êtres dont l'habitat et le milieu sont des plus variés. On y trouve trois sections naturelles, les Colimacés, comprenant les genres : Hélice, Carocolle, Hélicine, Maillot, Clausilie, Bulime, Agathine, Auricule, Cyclostome, et les petits genres qui gravitent autour sont terrestres sans exception. Ils sont formés d'un grand nombre d'espèces sous un petit nombre de formes typiques.

Les Lymnéens, excepté les g. Eulime et Rissoa, les Mélaniens, les Péristomiens, et dans la famille des Néritacés, les g. Nérite et Néritine vivent dans les eaux douces. Cette section, encore plus restreinte que la précédente, ne comprend que les g. Planorbe, Physe, Lymnée, Mélanie, Eulime, Rissoa, Mélanopside, Pirène, Valvée, Paludine, Ampullaire, Navicelle et Néritine, dont une seule, la Violette, est de la mer des Indes. Tous ces genres ne comprennent qu'environ 250 espèces. Les autres familles, formant la troisième section, sont marines.

Les genres les plus nombreux en espèces, et qui sont comme les types généraux sur lesquels sont modelés toutes les formes correspondantes, sont les genres Hélice, Maillot, Bulime, Planorbe, Cyclostome, Lymnée, Auricule, Ampullaire, Néritine, Haliotide, Scalaire, Troque, Paludine, Cérite, Fuseau, Rocher, Volute, Casque, Pourpre, Buccin, Vis, Mitre, Porcelaine, Olive, Cône.

Les genres cosmopolites sont les genres types ; et à l'exception des Colimacés et des Mollusques fluviatiles, qui sont plus nombreux en Europe que partout ailleurs, cette région est la moins riche en Trachélipodes. Elle possède presque tous les grands g. ; mais on n'y trouve ni Anostomes, ni Hélicines, ni Bonellies ; les autres genres qui y manquent sont les genres Nérite, Navicelle, Stomatelle, Pyramidelle, Dauphinule, Planaxe, Cancellaire, Ptérocère, Concholépas, Eburne, Mitre, etc., et il n'y a pas de genres qui lui soient propres.

Si l'Afrique a des genres qui manquent à l'Europe, d'un autre côté, il y en a de propres à cette dernière région qui ne se trouvent pas dans les mers ou les fleuves qui baignent ce vaste continent. On n'y a encore signalé ni Ambrettes, ni Physes, ni Lymnées, ni Mélanopsides, ni Janthines, ni Scalaires, etc. Mais en revanche, elle possède les Pyrènes, les Ampullaires, les Nérites, les Pyramidelles, les Cancellaires, etc., qui n'appartiennent pas à la Faune des Trachélipodes européens. Par suite sans doute de la nature du milieu, on trouve pour certaines espèces des habitats très opposés ; c'est ainsi que l'Agathine pourpre se trouve à la fois en Afrique et à la Jamaïque ; que le Cyclostome Bouche-d'Or est de Porto-Rico et de Ténériffe ; la Natice rousse, des Moluques et de l'Ile de France. On voit en général, pour les Trachélipodes comme pour tous les groupes nombreux en espèces, de grandes anomalies dans les habitats : cependant c'est l'ordre dans lequel on trouve le moins de formes appartenant aux régions boréales.

L'Asie, plus riche en genres et en espèces que l'Océanie, est la région zoologique dans laquelle se trouvent à la fois le plus de formes génériques et spécifiques. Sa Faune a des caractères communs avec l'Océanie et l'Afrique, et elle présente certaines similitudes avec l'Amérique méridionale. Ainsi elle possède en commun avec cette région les g. Anostomes, Bonellie, etc., parmi les g. peu nombreux en espèces ; car les grands g. sont de toutes les mers.

Les genres les plus nombreux en espèces de l'Asie sont les g. Hélice, Troque, Turbo, Cérite, Fuseau, Pyrule, Rocher, Triton, Strombe, Pourpre, Buccin, Mitre, Volute, Porcelaine, Olive et Cône. Parmi les genres nombreux en formes spécifiques, ceux qui sont rares dans les mers des Indes et en Asie sont : les Maillots, les Bulimes, les Cyclostomes, les Lymnées, les Paludines, les Ampullaires, les Néritines et les Nérites, les Haliotides, les Monodontes, les Cancellaires, etc. Le genre Stomate, dont une seule espèce a une habitation connue, paraît propre à l'océan Indien. On voit en général que les formes marines y sont plus abondantes que les formes terrestres et fluviatiles. Parmi les g. qui paraissent manquer totalement à l'Asie, on peut citer les Planorbes, les Rissoa, les Ambrettes, les Clausiliès, les Littorines, etc.

L'Océanie, dont les parties sèches sont couvertes de forêts épaisses, possède plus d'espèces terrestres et fluviatiles que l'Inde, et si elle n'a ni Carocolle, ni Anostome, ni Agathine, elle a des Planorbes et des Physes; les genres marins y sont moins nombreux; et dans les genres qu'elle possède, les formes spécifiques y sont plus rares; plusieurs même y paraissent manquer totalement, tels sont les Cadrans, les Dauphinules, les Scalaires, les Phasianelles, les Turritelles, les Cancellaires, les Ptérocères, etc. Quant aux g. à distribution étendue, tels que les Purpurifères, les Columellaires et les Enroulés, ils s'y trouvent représentés aussi bien que dans l'océan Indien.

L'Amérique méridionale, dans des conditions climatériques et organiques qui la rapprochent de l'Océanie, est plus riche que cette dernière région en Colimacés et en Mollusques fluviatiles; les genres y sont tous représentés, à l'exception de quelques uns sans importance, établis sur des modifications locales des types généraux, et les formes spécifiques y sont plus nombreuses que sur tout autre point. Ainsi, cette région possède près de 90 espèces de Bulimes, la moitié des Hélicines et des Ampullaires, et tous les autres genres dans des proportions notables. Quant aux Trachélipodes marins, ils y sont représentés, mais dans des proportions moins vastes, et il y manque en genres importants, les Haliotides, les Ptérocères et les Harpes; elle possède en propre le genre Concholépas, qui est des côtes du Pérou.

L'Amérique septentrionale est une région pauvre en Trachélipodes de toutes sortes, excepté les Hélices, qui y sont au nombre d'une trentaine d'espèces. Les rivières de cette région nourrissent les genres fluviatiles, mais sous un petit nombre de formes spécifiques. Quant aux formes marines, elles sont propres surtout aux Florides, au Mexique et à la Californie.

L'Australie ne paraît pas riche en Trachélipodes terrestres ou fluviatiles, et l'on n'y trouve que 5 espèces d'Hélices; quant aux formes fluviatiles, elles y manquent presque complétement. Cette Faune est privée de Planorbes, de Mélanies, de Rissoa, de Paludines, d'Ampullaires, de Cancellaires, de Pyrules, de Ptérocères, etc.; mais elle possède un grand nombre d'espèces d'Haliotides, de Troques, de Cérites, de Pleurotomes, de Fasciolaires, etc., et certaines formes spécifiques lui sont communes avec l'Océanie.

Le nombre considérable de Trachélipodes sans habitat connu empêchera longtemps d'en donner une distribution géographique, sinon exacte, du moins approximative.

Céphalopodes. Les espèces vivantes de cet ordre, dont des genres entiers très riches en formes spécifiques, tels que les Bélemnites, les Ammonites, etc., ne se trouvent qu'à l'état fossile, se composent d'un petit nombre de formes, se résumant en trois types, les Poulpes, les Nautiles et les Foraminifères. Ils sont répandus dans toutes les mers; mais l'Europe et les mers tempérées sont les moins riches en animaux de cet ordre. Ainsi nous avons un Argonaute, plusieurs Poulpes, un Élodon, trois Calmars, un Sépioteuthe et une Seiche; les êtres de ces g. appartiennent aux mers chaudes du globe, et sont répandus dans les deux hémisphères. Les Calmars, dont le nombre des formes spécifiques est de plus de 20, se trouvent, outre nos mers, dans l'océan Indien, sur les côtes de Terre-Neuve et de l'Amérique méridionale.

Les Calmarets, dont les espèces sont au nombre de 2 seulement, appartiennent aux mers australes, et les 3 seules Cranchies connues sont de l'Afrique occidentale.

Le genre Sépioteuthe a des représentants dans l'Océanie, tels que la *S. guineensis*, et les *S. australis* et *lumilata*, qui sont de l'Australie et de Vanikoro. Les Seiches sont plus abondantes dans les mers de l'Inde que partout ailleurs. La Spirule, dont on connaît une seule espèce, appartient à la Faune de l'archipel Américain, et les deux Nautiles connus vivent dans l'océan Indien et la mer des Moluques.

Helminthes. Il ne peut être question de la distribution géographique des êtres de cette classe, mais seulement de leur habitat; car, à l'exception des Enopliens, tous les autres, vivant dans la profondeur des tissus des êtres vivants, ou dans les fluides organiques, sont liés à l'existence des animaux de toutes les classes dont ils sont parasites. Comme le milieu dans lequel ils vivent est constant, les espèces se reproduisent dans toute la série animale sans acception d'habitation et de nature; et la composition chimico-vitale des tissus est la seule condition qui puisse influer sur leur développement morphologique. Malgré les travaux des helminthologistes les plus distingués, il règne non seulement sur le nombre absolu, mais même sur la détermination des formes génériques et spécifiques, une incertitude très grande. Pourtant l'étude comparative des Helminthes présente des résultats très intéressants, et qui doivent trouver place dans un travail de statistique zoologique. L'observation attentive de la nature des êtres répandus dans les tissus ou les fluides vivants sert de preuve directe à la théorie de la génération spontanée ; car on voit que dans chaque groupe certaines espèces affectent non seulement des classes ou des ordres entiers, mais même sont particuliers à certains genres. Ainsi les Helminthes qui vivent dans les Mammifères ne se trouvent pas sous la même forme spécifique dans les Oiseaux ou les Poissons, si l'on en excepte le Schistocéphale dimorphe, qui prend naissance dans les intestins des Épinoches, et achève de se développer dans les organes d'oiseaux ichthyophages, tels que des Plongeons ou des Grèbes. Il se rencontre quelquefois aussi chez d'autres poissons, et même dans des Phoques et des Chats. Le Distome émigrant se rencontre chez les Musaraignes, les Lérots, les Surmulots, les Grives, les Corbeaux et les Grenouilles ; le *Tetrarhynchus megabothrium* se trouve dans le *Scomber sarda*, ainsi que dans la Seiche et le Calmar. Le *Cysticercus cellulosæ* se rencontre à la fois chez le Porc, l'Homme, les Singes, le Rat et le Chevreuil. Le passage d'un ordre à un autre est plus fréquent, surtout parmi les Distomes, si nombreux en espèces ; le lancéolé se trouve chez l'Homme et divers Mammifères ; l'appendiculé vit dans les organes des Scombres, des Esturgeons, des Torpilles, des Gades, etc. ; le taché se trouve chez les Fissirostres, les Mésanges, les Moineaux et les Sylvies ; l'Échinorhynque *hœruca* est un parasite commun aux genres *Rana*, *Bufo* et *Trito* ; le *Spirale* l'est aux Sajous, aux Marikina et aux Coatis. Les diverses espèces de Grégarine se trouvent dans les Libellules, les Diptères, les Coléoptères et les Orthoptères ; l'Acrostome a été observé dans l'amrios de la Vache et le sang des Poissons. En général ils affectent dans leur habitat des tissus identiques, et qui constituent pour eux un milieu homogène. Les deux espèces du g. Prolepte vivent dans les organes des Chondro-

ptérygiens. Le *Tænia murina* est propre aux petits Rongeurs des g. Mulot, Surmulot et Lérot. Celui des Moutons habite dans les tissus des Moutons, des Chamois et de l'Antilope dorcas ; le *dispar* vit sur les Batraciens, l'infundibuliforme est parasite de plusieurs genres de Gallinacés. En général, les Helminthes ténioïdes affectent certains genres, tels que les Pics, les Coucous, les Anis, les Perroquets, les Chevaliers, les Bécasses. Un grand nombre de g. appartiennent particulièrement aux animaux de certaines classes ; ainsi le g. Sclérotique est propre seulement à une esp. du g. *Lacerta* (le Scheltopusik) ; l'Eucampte, à l'Engoulevent d'Europe. Les g. Pseudalie et Stenode, au Marsouin ; l'Atractis, à la Tortue ; l'Hétérochile, au Lamantin ; le Crossophore, au Daman ; l'Odontobie, à la Baleine ; le Tropisure, à l'Urubu. Les Trématodes onchobothriens et tristomiens appartiennent tous, à l'exception du Polystome de la femme et de celui des veines qui sont intérieurs, à la division qu'on a désignée sous le nom d'Épizoaires, parce qu'ils vivent sur les branchies des Poissons au lieu de vivre dans l'intérieur de leurs organes ; ils sont propres surtout aux Poissons, et quelques uns seulement aux Reptiles. Parmi les Holostomes, ceux des Poissons seuls ont leur siége principal dans le corps vitré de l'œil de la Perche. On remarque que souvent les Helminthes propres aux Chéloniens le sont aussi aux Batraciens. On trouve rarement des Helminthes de vertébrés chez les invertébrés, excepté un Ascaride, qui vit en parasite dans les intestins de l'Oryctes ; quelques Distomes, tels que le D. rape, qui vit dans certains Gastéropodes ; l'isostome, dans l'Écrevisse ; l'Échinorhynque miliaire, dans le même Crustacé. Pourtant il se trouve plus communément que dans les genres composés de plusieurs espèces, lorsqu'il s'en trouve de propres aux Invertébrés et aux Vertébrés, ces derniers appartiennent à la classe des Poissons. C'est ainsi que le g. Distome, qui comprend 164 espèces, en compte 67 propres aux Poissons ; le g. Ascaride en compte 20 ; l'Aspidogaster n'a qu'une espèce, qui vit sur un Cyprin.

Parmi les oppositions à signaler, mais dont on ne peut néanmoins tirer aucune conséquence, je citerai deux espèces du g. Monostome, dont une est parasite de la Bal.inc et l'autre de la Taupe, à l'exclusion des autres Mammifères.

La plupart des Énopliens, excepté une espèce du genre Dorylaime, qui est parasite de la Carpe et d'une Épinoche, le Passalure du Lièvre, l'Atractis des Tortues, et le Phanoglène, qui a été trouvé dans des larves de Névroptères, vivent libres dans les eaux douces ou salées, stagnantes ou courantes ; telle est une espèce du g. Dorylaime, qui se trouve dans l'eau de mer ; les Oncholaimes vivent dans l'eau de mer, dans l'eau pluviale ou sous les Mousses ; les Amblyures se trouvent dans les vieilles infusions végétales et dans les infusions marines ; certains Rhabditis dans le vinaigre, le blé vert, la colle et sous les Mousses. Parmi les Gordiacés, le Dragonneau encore si mal connu, paraît être un Ver aquatique.

Une dernière observation, digne d'être signalée en ce qu'elle contribue à confirmer l'opinion qui rapproche l'Homme des Quadrumanes, c'est que les Helminthes propres à l'Homme le sont souvent aux Singes ; ainsi sur douze intestinaux qui affligent l'Homme, huit se trouvent chez les Singes. Tels sont les genres Trichocéphale, dont le *dispar* est propre à l'Homme, et le *palæformis* aux Papions, aux Magots, aux Callitriches, et au Cercopithèque mone. Le Filaire de Médine est représenté chez les Singes par le *gracilis ;* le Distome hépatique est parasite de l'Homme, et de plusieurs Mammifères de l'ordre des Rongeurs et des Ruminants ; le Mandrill porte dans son pancréas le D. lacinié. Les g. Ascaride, Cysticerque, Échinocoque, Bothriocéphale sont représentés chez l'Homme et le Singe par des espèces propres à chacun des deux ordres. L'Homme ne possède pas en propre un seul genre d'Helminthe ; tous appartiennent à des genres qui ont leurs représentants parmi les êtres d'autres classes, et surtout les Mammifères ; pourtant le g. Polystome ne monte pas plus haut que les Reptiles, et a été observé à la fois dans l'ovaire d'une femme et le sang des hémoptysiques.

L'énumération des Helminthes n'est pas très rigoureuse ; car les helminthologistes eux-mêmes diffèrent entre eux sous le rapport du nombre des espèces, qui est de 881. Toutefois j'ai suivi la nomenclature de M. Dujardin, et j'ai adopté les espèces qu'il a constatées, beaucoup d'autres énumérées dans son livre lui paraissant douteuses.

Annélides. Les êtres de cette classe, nombreux sous un petit nombre de formes génériques et spécifiques, sont encore mal connus ; et, si l'on en excepte l'Europe, il n'en est encore signalé dans les *Species* qu'un petit nombre d'espèces, trop petit pour être exact.

Les Annélides sont tous de taille très peu développée, et présentent dans leurs formes les anomalies de structure les plus singulières. Quelques uns, tels que les Naïs, sont fort petits, et se trouvent par milliers dans les eaux douces. Les Annélides errants et les Tubicoles sont marins ; les Terricoles, composés d'un petit nombre d'espèces, sont terrestres, comme des Lombricites et les Hypogeons ; des eaux douces, comme les Naïs, et des eaux salées, comme les Siponcles et les Thalassèmes. Les Suçeurs sont des eaux douces, et les Albionites seules sont exclusivement des eaux salées.

Les genres les plus nombreux en espèces sont les Sangsues, les Naïs, les Lombrics, les Térebelles, les Sabelles, les Néreis, les Syllis, les Lumbrineris, les Eunices et les Polynoës. Un grand nombre de genres ayant été formés par le démembrement des grands types génériques, ne se composent que d'une seule espèce.

Les genres les plus répandus sont les Sangsues, qui existent partout, excepté dans l'Amérique du Nord et la Nouvelle-Hollande ; les Siponcles, qui se trouvent dans la Méditerranée, les mers de Chine, des Indes et de la Malaisie ; les Lombrics, qui se trouvent jusqu'au Groënland ; les Albions, propres à la Méditerranée, aux Indes et au Mexique, les Sabelles, les Eunices, les Amphinomes et les Polynoës.

L'Europe, mieux explorée, possède dans sa Faune presque tous les genres, et surtout dans sa partie tempérée ; car sur 282 espèces décrites dans les ouvrages les plus récents, elle en possède 217 ; et l'Océanie, l'Australie, ces terres riches en êtres vivants, n'en comptent chacune que 3 espèces. Une partie des genres propres à l'Océan se trouvent dans la Méditerranée ; quelques uns même, tels que les Néreis, les Syllis, les Eunices, les Polynoës, se trouvent, sous des formes spécifiques différentes, dans la Méditerranée et la mer du Nord.

Les genres propres à l'Europe sont les g. Polyodonte, Eumolphe, Zothea, qui vivent dans la Méditerranée ; les Sanguisugites, à l'exception des g. Hirudo et Glossiphania, qui sont répandus sur une partie du globe : toutes sont des eaux douces de l'Europe tempérée. Les g. Branchellion, Thalassema, Arénicole, Ophelia, Aonis, Glycera, Aricia, Nephthys, Lumbrineris, Diopatra, Onuphis, Aphrodite, etc., sont encore propres à l'Europe.

L'Afrique possède plusieurs genres en commun avec l'Europe : tels sont les g. Hirudo, Clymène, Pectinaria, Hésione, Syllis, Néreis, et quelques autres qui sont répandus dans l'Ancien et dans le Nouveau-Monde. La mer Rouge est l'habitation exclusive des g. Iphionea, Aristenia, Ænone, Aglaura et Limnotis. Le total des Annélides exclusivement africaines est d'une vingtaine.

On connaît peu les Annélides d'Asie, et moins encore ceux de l'Océanie, et le seul g. qui soit propre à cette région est le g. Chlœia. On y trouve aussi des Sipoucles, dont une espèce se trouve dans l'Océanie, des Albions, des Glossiphania, des Hermelles et des Sabelles. L'Océanie n'a qu'un Hirudo, un Diopatra et un Amphinoma, qui est propre aux Moluques.

L'Amérique du Sud, outre les g. Hirudo, Sabelle, Serpule et Eunice, a en propre les g. Peripatus et Chetopterus ; mais sa Faune est de 7 Annélides seulement. L'Amérique du Nord est plus riche que l'Amérique méridionale, surtout dans la partie septentrionale, car elle compte une vingtaine d'Annélides. On trouve au Grœnland 2 Lombrics, 2 Clymènes, 1 Sabelle, 1 Aonis, 4 Phyllodoces, 2 Polynoës sur une Faune de 20 Annélides. Les États-Unis possèdent en propre le g. Hypogeon, et en commun avec l'Europe des espèces spéciales du g. Cirrhatule, Albione, Diopatra, et 3 Amphinomes. On n'a trouvé en Australie que 3 Annélides : 1 particulier à ce continent, l'Hipponoa, une Serpule et une Goniada.

Cirripèdes. Les genres qui composent cette classe sont peu nombreux et se trouvent dans toutes les mers, par suite de l'habitude qu'ils ont de s'attacher aux corps flottants qu'ils rencontrent.

Les Cirripèdes affectent deux formes principales : les Balanes et les Anatifes, animaux essentiellement marins. Parmi les premiers, les uns, tels que les Coronules et les Tubicinelles, s'attachent aux animaux marins, dans la peau desquels ils pénètrent profondément ; d'autres se fixent aux rochers, aux Polypiers, aux Éponges, etc. On trouve des Balanes à peu près partout, et nous en possédons plusieurs sur nos côtes. Celles dont Leach a formé le g. Acaste se trouvent dans les mers des pays chauds, et le g. Octomère a été établi par Sowerby pour une Balane du Cap. Les Creusies, dont on trouve des espèces fossiles dans les climats tempérés, sont exclusivement des pays chauds. Les Anatifes, dont nous possédons plusieurs espèces sur nos côtes, sont plus particuliers aux côtes d'Afrique ; les Gymnolèpes, qu'on n'a jamais trouvées sous la quille des bâtiments, habitent les mers du Sénégal, et l'on croit les avoir rencontrées dans les mers du Nord. Les Anatifes proprement dits ont des habitats variés ; ils se fixent aux rochers, et se trouvent en pleine mer sur les corps flottants, ce qui fait qu'on les rencontre sous une même forme spécifique dans des lieux fort opposés. On a formé le g. Alèpe pour un Anatife parasite d'une espèce de Méduse.

Crustacés. On connaît environ 1,200 espèces de Crustacés, animaux marins, fluviatiles et pélagiens ou terrestres. Les travaux les plus récents des méthodistes ont amené cette classe à être divisée en 270 genres, dont 170 se composent d'une seule espèce.

Si l'on en excepte les Xyphosures et les Aranéiformes, qui commencent la série des Crustacés, les Lernéides et les Siphonostomes vivent en parasites sur les poissons : aussi leur distribution dépend-elle de celle des êtres sur lesquels ils habitent. On n'en connaît qu'un petit nombre d'espèces et de genres, et, si l'on songe aux poissons qui n'ont pas été l'objet d'un examen minutieux, on verra que cet ordre doit augmenter considérablement en genres et en espèces.

On trouve dans cette classe des êtres de taille proportionnellement très grande parmi les Décapodes brachyures et macroures ; les autres ordres, excepté les Xyphosures, renferment des êtres fort petits : ainsi les plus grands Amphipodes ont à peine 5 centimètres, les Isopodes sont d'assez petite taille, et quelques uns, tels que les Entomostracés et les Siphonostomes, sont presque microscopiques.

Les uns, et la plupart sont dans ce cas, vivent dans la mer et sur ses bords, et l'on trouve seulement des genres essentiellement fluviatiles dans les Décapodes macroures et les Isopodes. Parmi les Læmodipodes, il y en a de marins, de fluviatiles et de paludiens dans le même genre; tels sont, dans le g. *Gammarus*, le *marinis* qui vit dans la mer, le *fluviatilis* dans l'eau des ruisseaux, et le *Rœsellii* dans l'eau des puits; et dans l'ordre des Isopodes on trouve des genres, tels que les g. *Oniscus*, *Porcellio*, *Armadillo*, qui sont terrestres.

Les genres les plus nombreux en espèces, malgré le morcellement des êtres de cet ordre, sont les Cypris, les Daphnis, les Sphéromes, les Idotées, les Crevettes, les Squilles, les Phyllostomes, les Palémons, les Hippolytes, les Langoustes, les Porcellanes, les Pagures, les Lupées, les Xanthes, les Crabes, etc.

Les genres cosmopolites, sous les mêmes formes spécifiques, ou bien sous des formes spécifiques différentes, sont très peu nombreux : tels sont les Cymothoés, qui se trouvent dans les régions chaudes et tempérées des deux hémisphères; les Orchesties, qui ont des représentants partout le globe, excepté en Asie et dans l'Océanie; les Langoustes, les Porcellanes, qui possèdent réellement des représentants dans chaque région, ainsi que les Pagures, qui cependant manquent à l'Amérique du Nord; les Grapses, qu'on ne paraît avoir trouvés ni en Asie ni dans l'Amérique boréale, et qui, sous un petit nombre de formes spécifiques, sont représentés partout, surtout dans l'Amérique méridionale et dans l'Australie, où il s'en trouve cinq espèces sur huit. A l'exception de l'Europe et de l'Australie, qui en paraissent dépourvues, les Ocypodes sont répandus dans toutes les mers des régions chaudes et jusque dans l'Amérique septentrionale; les Xanthes sont surtout les habitants des régions tropicales, où ils sont en nombre considérable, principalement dans les parages de l'Ile de France, dans la mer Rouge, sur les côtes des Antilles et du Brésil; les Crabes sont indigènes des chaudes régions de l'Afrique et de l'Asie.

L'Europe possède presque exclusivement les Crustacés aranéiformes, les Lernéides et les Siphonostomes, quoique les Pandares soient exclusivement des mers équatoriales de l'ancien monde, et que les Caliges, au nombre de 15 espèces, en aient 11 d'Europe. Les Copépodes sont plus exclusivement européens, ainsi que les Cyproïdes; car, sur 11 Cythérées, l'Europe en possède 9, et, sur 32 Cypris, elle en a 30. Tous les Daphnoïdes et, à l'exception de deux espèces de genres différents, tous les Phyllosomes sont d'Europe. Parmi les Isopodes, les g. Cymothoé, Nerocile, Rocinèle, Eurydice, Campécopée, Cymodocée, Armadillidie, Porcellion, Cloporte, Jæra, Aselle, Idotée, sont européens, et quelques uns exclusivement propres à cette région, sans compter une foule de petits genres sans importance et composés d'une seule espèce.

A l'exception des Cyames, qui se trouvent partout où vivent les Baleines, et de deux espèces de Chevrollés qui habitent les parages de l'Ile de France, les Læmodipodes appartiennent aux mers d'Europe.

Presque tous les genres d'Amphipodes sont étrangers à l'Europe et présentent, sous des formes génériques peu multipliées en espèces, un caractère exotique évident; pourtant, les genres Crevette et Amphitoë, qui sont les plus riches en formes spécifiques, sont aussi ceux chez lesquels les espèces européennes sont le plus multipliées. Les Talitres, les Orchesties, les Podocères, les Corophies, ont encore leurs formes européennes propres.

Les Stomapodes sont composés d'un petit nombre de genres, et à l'exception des genres Squille et Phyllosome, qui possèdent chacun une quinzaine d'espèces, la plupart sont peu riches en formes spécifiques : l'Europe n'en possède qu'un petit nombre, et, les Squilles exceptés, dont un tiers habite les mers d'Europe, et le g. Mysis, qui est tout entier européen, les autres sont africains et asiatiques.

La moitié des Macroures sont représentés en Europe, et cette région possède outre les g. Éphyre, Pandale, Crangon, Gébie, qui lui sont exclusivement propres, le tiers des espèces des g. Palémon, Hippolyte et Scyllare. Presque toutes les Galathées sont européennes; mais elle ne possède qu'une seule espèce de Langouste; les autres sont de l'Asie et des mers de l'Amérique méridionale. Il en est de même des g. Homard et Écrevisse, qu'on n'a observés ni en Afrique, ni en Asie, ni en Océanie, et qu'on ne retrouve que dans les deux Amériques et dans l'Australie.

Après l'Europe, l'Asie est la région la plus riche en Décapodes macroures, non pas tant par le nombre de ses formes génériques que spécifiques : ainsi elle compte 7 espèces du g. Pénée, 5 Palémons, 5 Langoustes et 2 Alphées, et elle possède en propre certains autres petits groupes.

L'Afrique est pauvre sous le rapport carcinologique, et sur les dix formes spécifiques appartenant à neuf genres qu'elle possède, la moitié est de l'Ile de France. La Langouste est le seul grand genre dont on trouve une espèce au Cap.

On ne signale que deux seuls genres de Décapodes macroures en Océanie : c'est la *Callianirea elongata*, qui se trouve aux Mariannes, et le petit genre Oplophore à la Nouvelle-Guinée.

L'Amérique australe possède en formes génériques onze formes de Décapodes macroures, toutes des côtes du Chili et des Antilles ; et si l'on en excepte 4 Palémons, 5 Langoustes et 2 Alphées, les autres Crustacés de cet ordre y sont représentés par une seule espèce.

On ne signale, dans l'Amérique du Nord, que quelques formes génériques de Décapodes macroures, formant 8 espèces, dont 2 Hippolytes.

L'Australie possède 7 genres et 12 espèces, dont 1 Palémon, 4 Hippolytes, 3 Alphées et 1 Ecrevisse. Le petit genre Callianide est australien.

La distribution des Décapodes anomoures, qui ne comprennent qu'un petit nombre de genres, donne à l'Europe, avec peu de formes génériques, dont 3 lui sont propres, tels que les g. Mégalope, Lithode et Homole, autant de formes spécifiques que l'Amérique méridionale, dont la Faune est la plus riche ; car elle possède, dans le seul genre Pagure, 12 espèces.

A l'exception des g. Dromie, Pagure et Cénobite, l'Afrique ne possède que 2 Crustacés anomoures.

L'Asie a quelques formes de plus, tels sont les g. Ranine et Birgus, qui lui sont propres ; mais elle est relativement pauvre en formes spécifiques.

Si l'on en excepte 3 Pagures et 2 Porcellanes, on ne trouve dans l'Océanie aucun Crustacé anomoure important.

L'Amérique du Sud est riche en Pagures et en Porcellanes ; mais elle ne possède que peu de formes spécifiques. Dans les autres genres, dont un seul, l'Æglée, lui est exclusivement propre, toutes les formes sont surtout des Antilles et des côtes du Chili.

On ne trouve qu'une Porcellane aux États-Unis.

L'Australie n'a, outre les g. Lomie et Rémipède, qui lui sont particuliers, que 5 Pagures et 3 Porcellanes.

Les Décapodes brachyures comprennent plus de 350 espèces, et sont répartis en 113 genres.

L'Europe en possède une soixantaine dans les g. Dorippe, Atélécyle (qui lui est propre, sous trois formes spécifiques), Ebalie, Calappe, Grapse, Gonoplace, Portune, son genre le plus nombreux en espèces, puisque, sur 9 connues, elle en possède 8, Xanthe, Maïa, Hyade, Pise, Inachus, Sternorhynque, etc.

L'Afrique, quoique moins riche que l'Asie, possède 37 genres sous 70 formes spécifiques, dont les plus importantes sont les g. Calappe, Sesarme, Macrophthalme, Gelasime, Ocypode, Lupée, Trapésie, Xanthe, Chlorode et Crabe. Tous les Crustacés brachyures, signalés comme habitant cette région, appartiennent surtout à l'Ile de France et à la mer Rouge, ce qui prouve combien est pauvre la Faune carcinologique de ces contrées.

L'Asie compte dans sa Faune une quarantaine de Décapodes brachyures, formant environ 80 espèces, appartenant presque toutes aux genres africains : cependant elle possède en propre les g. Iphis, Arcanie, Orythie, Leucosie, Thelphuse, qui se compose de 6 espèces, Doclée et Égérie, sans compter beaucoup d'autres. Dans les formes génériques les plus connues, l'Asie compte des Dorippes, des Calappes, des Macrophthalmes, des Ocypodes, des Lupées, des Thalamites, des Crabes et des Lambres.

La Faune de l'Océanie, y compris la Polynésie, se compose de 8 espèces appartenant à 8 genres, dont 1 Grapse, 1 Sésarme, 1 Ocypode, 1 Xanthe, etc.

Soixante espèces, distribuées en 33 genres, composent toute la Faune carcinologique de l'Amérique méridionale ; presque toutes appartiennent aux Antilles, aux côtes du Chili et au Brésil. Outre les g. Calappe, Grapse, Gélasime, Ocypode, Lupée, Xanthe, Crabe, etc., qui y ont leurs représentants, on y trouve, à l'exclusion de toute autre Faune, les g. Hépate, Platymnée, Gécarcin (excepté l'Australie), Uca, Ériphie, Leucippe, Épialte, Eurypode, etc., et parmi les genres assez nombreux en espèces, elle possède, en commun avec l'Océanie, le g. Pericère, et avec les Baléares, le g. Mithrax sous 6 formes spécifiques.

L'Amérique du Nord, quoique moins pauvre que l'Océanie, ne présente, en formes spécifiques propres, que 11 espèces, distribuées en 8 genres. Les g. Ocypode, Xanthe, Chlorode, lui sont communs avec d'autres régions, et elle possède en propre les g. Panopée et Leptopodie. On n'y trouve que le g. Libinie qui lui soit commun avec le Brésil, mais sous une forme spécifique différente.

L'Australie possède à peu près tous les g. importants, et sa Faune se compose d'une quarantaine d'espèces. Elle possède en formes génériques propres les g. Myctère et Nanie. On remarque dans cette région, sous le rapport carcinologique, aussi bien que sous tous les autres, les similitudes les plus variées. Ainsi, le g. Trapézie lui est commun avec l'Afrique, les g. Pseudocarcin, Etize et Ozie avec l'Asie, et Gécarcin avec l'Amérique méridionale.

Arachnides. Cette classe, qui présente dans les différents ordres qui la composent près de 1,500 espèces, a un genre de vie et des habitats divers. Ainsi les Acarides, parasites microscopiques des animaux de tous les ordres : mammifères, oiseaux, insectes, même les plus petits, comme les Pucerons et les Cousins, et vivant de substances animales fermentées, n'ont pas d'autre habitat que celui des êtres aux dépens desquels ils vivent ; et pour ces animaux comme pour tant d'autres dont la découverte exige les recherches les plus minutieuses, ils sont plus connus sous leurs formes européennes que sous leurs formes exotiques. Sur 300 espèces

étudiées, 256 appartiennent à l'Europe. On a observé en Afrique plusieurs Ixodes sur les Rhinocéros, l'Hippopotame, les Tortues, etc. 6 espèces de Gamases, dont 2 de l'Ile de France ; dans l'Asie, on connaît 6 Acarides seulement, le Gamase Argas en Perse, et 4 Ixodes dans l'Inde et la Tartarie, dont 3 vivent sur les Chameaux. On connaît 10 Ixodes américains et 2 Gamases, ainsi que 3 Ixodes australiens, dont 1, le Coxal, se trouve sur un Scinque.

Les Phalangides, animaux coureurs et vagabonds, poursuivent avec agilité, sur la terre ou sur les arbres, les petits insectes qui leur servent de nourriture. Ces Arachnides appartiennent aux pays méridionaux et surtout à l'Amérique du Sud ; car, sur 93 espèces connues, sous huit formes génériques, 52 sont de cette région ; mais elle n'a pas le g. Faucheur, qui compte 38 espèces, dont 31 européennes, 5 africaines et 2 de l'Inde et de la Chine, non plus que le g. Trogule qui est d'Europe, le Cryptostome de Guinée et le g. Phalangode d'Australie.

Les Solpugides, au nombre de 40 espèces, sont répandues sur toute la surface du globe, excepté l'Australie où l'on ne paraît pas en avoir encore observé.

Les Scorpionides se composent de 112 espèces sous 3 formes génériques seulement. Le g. Chelifer est de l'ancien continent. 24 espèces sont européennes, 3 africaines, et 1 océanienne. Le g. Scorpion existe partout sous des formes spécifiques très variées ; on en connaît près de 80 espèces, dont 7 sont d'Europe, 9 d'Afrique ; et parmi les espèces de cette région, le *Buthus filum* se trouve dans les Indes, en Océanie et dans l'Amérique du Sud. Le g. Thelyphone est de l'Océanie et des parties chaudes des deux Amériques.

Les Phrynéides appartiennent aux contrées équatoriales des deux hémisphères, et ne se présentent sous un certain nombre de formes spécifiques que dans l'Amérique méridionale et les Antilles.

Les Aranéides sont bien plus nombreuses en formes génériques et spécifiques que les autres ordres ; elles présentent en total près de 900 espèces réparties dans 45 genres. On trouve dans cet ordre des Arachnides gigantesques, tels que les Mygales, et d'autres, au contraire, de taille très petite.

Toutes vivent de proie qu'elles prennent à la course, ou bien au moyen de toiles diversement façonnées qu'elles tendent dans les positions les plus variées. Les unes, comme les Tégénaires, les Ségestries, etc., tendent des toiles dans les lieux obscurs ; d'autres, au contraire, comme les Epéires, les construisent en plein soleil. Un groupe seul, celui des Agyronètes, est aquatique.

La variété que présente, dans ces animaux, la position des yeux, a permis aux méthodistes d'y établir les coupes les plus nombreuses. Les formes les plus riches en espèces sont les Mygales, genre essentiellement cosmopolite, et qui ne paraît rare que dans l'Asie et l'Océanie ; les Lycoses, répandues partout, mais propres surtout aux régions tempérées, puisque 32 espèces sont d'Europe et 19 de l'Amérique boréale ; les Attes suivent la même loi : sur 146 espèces, 56 sont d'Europe et 57 de l'Amérique du Nord. Le g. Thomise n'a que 13 espèces d'Afrique et d'Océanie ; les autres sont d'Europe et des parties chaudes de l'Amérique du Nord. Les Clubiones, les Olios et les Philodromes, très répandus, quoique moins nombreux en espèces, sont essentiellement européens, mais répandus dans plusieurs autres régions. Les Drasses, genre d'Europe et d'Amérique, avec quelques espèces africaines, sont originaires d'Europe, d'Afrique, des deux Amériques, sous trois formes spécifiques seulement, et de la Nouvelle-Zélande. Les Epeires, véritablement cosmopolites, mais plus nombreuses dans les régions tempérées, sont représentées en Europe par 47 espèces, et dans l'Amérique du Nord par 53. Les Plectanes, dont aucune n'est d'Europe, appartiennent pour la plupart à l'Amérique méridionale. Le g. Tétragnathe, quoique répandu partout, est plus essentiellement américain. Les g. Linyphie et Théridion sont d'Europe et de l'Amérique boréale. L'Argus est presque exclusivement européen.

L'Europe possède en commun avec l'Afrique septentrionale un assez grand nombre d'espèces de divers genres ; tels sont les g. Ségestrie, Scytodes, Philodrome, Clotho, Drasse, etc. La région européenne possède près de la moitié des Aranéides connues ; celles d'Afrique appartiennent pour la plupart à l'Égypte.

L'Asie, l'Océanie et l'Australie ont une faune arachnidienne assez pauvre, et qui ne comprend guère en tout qu'une centaine d'espèces ; pourtant l'Australie a en propre les g. Délène, Dolophone, Storène et Missulène.

Les deux Amériques possèdent à elles seules un tiers du nombre total des Aranéides ; mais l'Amérique du Nord, semblable à l'Europe, en possède la plus grande partie, ce qui prouve que les êtres de cette classe sont propres surtout aux régions tempérées. Le nouveau continent ne possède en genres spéciaux que les g. Sphodros, Arkys et Désis.

Le g. Argyronète, formé d'une seule espèce, est propre à la France seulement.

Myriapodes. Cette classe se présente sous cinq formes typiques distinctes : les Scolopendres, les Scutigères, les Pollyxènes, les Glomeris et les Iules. On n'y trouve qu'un petit nombre de coupes génériques ; les plus importantes du groupe des Chilognathes sont les Géophiles et les Scolopendres. La plus grande partie des Géophiles se trouvent en Europe, et s'étendent dans cette région sous des formes spécifiques différentes des bords de la Méditerranée à ceux de la Baltique : on n'en connaît aussi d'Afrique et de l'Amérique du Nord. Les seuls Cryptops connus sont d'Europe et des parties méridionales de l'Amérique du Nord. Le g. Scolopendre, dont le démembrement a donné lieu aux coupes génériques précédentes, a été trouvé sur tous les points du globe ; mais on n'en signale aucune espèce des contrées septentrionales, et la plupart appartiennent aux régions tropicales. Quant au g. *Lithobius*, il est exclusivement européen, et existe dans les pays du Nord ; une espèce, le *Forcipatus*, se trouve partout. Les espèces connues du g. Scutigère appartiennent aux Indes, à l'Île de France, et l'*Araneoides* est d'Europe et d'Afrique. On en a trouvé une espèce à la Nouvelle-Hollande. Le g. Iule, le plus important de l'ordre des Chilopodes, est répandu partout. On en connaît plus d'Europe que des autres régions ; mais il en a été trouvé sur tous les points du globe, dans les deux hémisphères, une espèce. Le *J. Botta* existe à la fois dans l'Asie septentrionale, en Égypte et dans l'Abyssinie. Les petits genres formés à ses dépens, tels que les Craspedosomes, les Platyules, etc., ne comprennent qu'un petit nombre d'espèces européennes. Le g. Polydesme, presque aussi nombreux en espèces que le g. Iule, paraît plus abondant dans les pays méridionaux, ce qui n'empêche pas qu'on ne le trouve en Europe jusqu'en Lithuanie, et dans l'Amérique boréale. La plus grande partie des espèces connues est d'Amérique. Les espèces du g. *Zephronia*, dont la patrie est connue, appartiennent au Cap, à Java et à Madagascar. Les Glomeris, peu étudiés sans doute, appartiennent surtout à l'Europe tempérée. On n'en connaît pas d'autre espèce que d'Égypte et de Syrie, et le *Guttata* se trouve à la fois dans le midi de la France, en Espagne et en Égypte. Les deux espèces connues du g. Pollyxène sont : l'une de nos environs, et l'autre de l'Amérique boréale. Au reste, tout annonce que leur histoire est peu connue.

Insectes. Cette grande classe, la plus nombreuse du règne animal, comprend des êtres si divers que l'on n'a rien à dire sur leur répartition générale à la surface du globe. Leur mode d'existence, la diversité de leur habitat, et le nombre prodigieux de formes sous lesquelles se joue un même type, en ont fait des êtres cosmopolites : aussi ne peut-on assigner de région favorite à aucun ordre ; seulement les pays équatoriaux sont, entre tous, ceux où les formes entomologiques sont à la fois les plus nombreuses, et les plus favorisées sous le rapport du développement de la taille et de la richesse des couleurs. La plupart sont terrestres, et ce n'est guère que dans les Névroptères que se trouvent le plus grand nombre de formes aquatiques, tandis que dans l'ordre des Hyménoptères il ne s'en trouve aucune. Une balance intéressante à établir serait celle des formes des divers ordres qui s'altèrent ou s'excluent, et établissent des lois harmoniques dont l'étude est hautement philosophique. Quant au nombre total des Insectes il n'est pas connu, et en en portant le nombre à 300,000, peut-être serait-on au-dessous de la vérité ; mais en les classant dans l'ordre réel de leur importance numérique, on trouve les Coléoptères, les Lépidoptères, les Diptères, les Hyménoptères, les Hémiptères, les Névroptères, les Orthoptères, les Épizoïques, les Thysanoures, les Aphaniptères, et les Rhipiptères. Dans ce coup d'œil rapide sur leur distribu-

tion, je n'ai pu considérer que les grands groupes sans descendre aux individus, ce qui aurait dépassé les bornes d'un article déjà assez étendu ; je n'ai même hasardé aucun résultat numérique, les species étant tous incomplets, et les indications d'habitat étant la partie la plus négligemment traitée.

Thysanoures. Ces petits aptères, au nombre de 121, n'ont encore été étudiés que sur certains points ; de sorte que l'on ne peut établir les bases actuelles de leur distribution.

D'après ce qui est connu sur le compte de ces infiniment petits, on voit que certains genres ont des représentants sur les divers points du globe. Ainsi le genre Machile se retrouve sous des formes spécifiques différentes en Europe ; encore pense-t-on que le maritime existe aux Canaries, en Syrie et dans l'Amérique du Nord. On a trouvé des espèces du genre Lepisma en Europe, en Afrique, en Chine et dans les Antilles.

L'Europe possède seule 92 espèces du genre Podure ; sur 16 espèces de Smynthures, 15 appartiennent à cette région, et l'on en a observé une seule dans l'Amérique septentrionale. Les genres Nicoletée et Campodée n'ont jusqu'à ce moment été observés qu'en France et en Angleterre.

Aphaniptères. Cet ordre se compose que le seul genre Puce, et l'on n'a que peu de choses à en dire, leur distribution géographique dépendant des animaux sur lesquels elles vivent, quoique l'on en connaisse trois espèces qui ne soient pas parasites d'animaux ; ce sont : la Puce terrestre, trouvée sous des broussailles dans la Flandre française, et deux Puces qui vivent dans les Bolets.

Les espèces européennes sont au nombre de 23, et la Puce commune serait répandue partout. La Chique est de l'Amérique méridionale, et Richardson a décrit dans sa Faune une Puce géante qui est propre à l'Amérique boréale. On ne peut pas parler de la Puce de l'Échidné comme d'une espèce australienne, car il est évident que les animaux de l'Australie en nourrissent chacun d'espèce particulière.

Le nombre total des Aphaniptères est de 26.

Épizoïques. Cet ordre comprend deux genres principaux : les Pous et les Ricins, dont le nombre total des espèces connues est de 285. On peut dire de ces parasites ce que j'ai dit des Puces. Ils ne sont distribués que suivant l'habitation des animaux sur lesquels ils vivent ; mais ils présentent quelques faits intéressants à signaler.

Les Poux ont été divisés en quatre groupes, suivant leur habitat. Il y a sur les hommes quatre espèces de Poux, avec quelques variétés qui méritent d'être observées : celui des vieillards, qu'on dit ne pas ressembler à celui de tête des enfants et des hommes vigoureux, et le Pou des nègres, qu'on prétend être même d'espèce particulière. Le *Pedicinus* ou Pou du Singe, dont on a fait un genre particulier, est celui qui diffère le moins du Pou humain, ce qui est une preuve de plus de la similitude des Quadrumanes comme dernier anneau de la chaîne des mammifères avant d'arriver à l'homme. Les *Hæmatopinus* sont les Poux des mammifères et vivent sur eux seuls.

Les Ricins, infiniment plus nombreux que les Poux, affectent les mammifères : tels sont les Trichodectes et les Gyropes, tandis que les Liothès et les Philoptères sont les parasites des oiseaux. Les premiers vivent sur les Accipitres, les Corbeaux et les Échassiers, tandis que les derniers, les plus nombreux de tous, se trouvent sur les oiseaux de tous les ordres, excepté les Gallinacés et les Pigeons sur lesquels on n'en a pas encore trouvé.

Diptères. Cet ordre renferme des insectes en général de taille assez petite, qui ont un genre de vie bien différent suivant les groupes. Les Ornithomyens sont exclusivement parasites des Mammifères et des Oiseaux.

Les Diptères des autres familles sont à l'état de larves habitants des substances animales et végétales en décomposition, tels que les g. *Sarcophaga*, *Cynomyia*, *Scatophaga*, *Piophila*, etc.; les OEstrides déposent leurs œufs sur le poil des grands Herbivores, et vivent à l'état de larve aux dépens de ces animaux. Ainsi les Hypodermes vivent sous la peau des Bœufs; les Céphenemyes et *Ædemagenes* sur les Rennes; les Céphalemyes déposent leurs œufs dans le nez des Moutons ; d'autres, comme les Tabaniens, avides de sang, mais dont la nourriture à l'état de larve est encore inconnue, s'attachent aux grands animaux et les tourmentent ; les mâles des espèces sanguisuges ne

vivent pourtant que du suc des fleurs, et les Panganies paraissent même n'avoir pas d'autre nourriture.

Les Némocères vivent du sang des hommes et des animaux, de petits insectes, et du suc des fleurs ; leur habitation favorite est sur le bord des eaux et dans les lieux frais et ombragés. Il en résulte que quand ces conditions ne se trouvent pas réunies, le nombre en diminue, et elles finissent par disparaître.

Les Diptères décrits et connus sont au nombre d'environ 8,000, dont moitié appartiennent à l'Europe ; ce qui revient à dire qu'on ne connaît qu'une très petite partie des Diptères exotiques.

Au groupe des Ornithomyens appartiennent les Nyctéribies, les Leptotènes, les Hippobosques, les Ornithobies, les Ornithomyies, les Strèbles, etc. Les 10 genres qui composent cette famille ne comprennent que 21 espèces, dont une douzaine appartiennent à l'Europe, qui possède un représentant dans chaque genre. On n'a trouvé en Ornithomyens étrangers qu'un Hippobosque au Sénégal, 1 Olfersie à Java, 1 au Brésil, 1 Ornithomyie à Cuba et 1 en Australie ; 1 Leptotène au Brésil.

Les Dolichopodiens forment un petit groupe dont le genre de vie est peu étudié : tandis que les Dolichopes vivent du suc des végétaux, les Médétères et les Hydrophores se nourrissent de petits insectes ou des fluides répandus sur les feuilles. Les genres de cette petite famille sont surtout d'Europe ; et quelques uns, tels que les g. *Chrysopila*, *Medeterus*, *Thereva*, assez nombreux en espèces, etc., sont très répandus dans ce continent. Le g. Dolichope seul renferme 35 espèces européennes ; le g. Psilope se trouve sous des formes spécifiques différentes en France, au Sénégal, en Chine, à Java et dans les Antilles ; le g. *Ruppellia* est d'Égypte, et le g. *Chiromyza* du Brésil. On a trouvé en Chine une espèce du g. *Rhaphium*.

La famille des Musciens, représentée par les quatre formes *Musca*, *OEstrus*, *Conops* et *Platypeza*, comprend un grand nombre de genres plus connus sous leurs formes spécifiques européennes. Les genres les plus importants sont les g. *Phora*, *Agromyza*, *Tephritis*, *Scatophaga*, *Aricia*, *Musca*, *Melanophora*, *Tachina*, qui vivent à l'état de larves dans le corps des Chenilles, *Nemorœa*, *Myopa*,

OEstrus, Conops, Lonchoptera, Pipunculus, etc., dont la plupart sont d'Europe, leur petitesse en rendant l'étude difficile ; et l'on remarque qu'elles sont très répandues dans cette région sous une même forme spécifique : telle est l'*Actora æstuum*, qui se trouve sur les bords de la mer, depuis la France jusqu'en Suède. Les genres exotiques moins nombreux en espèces sont les g. *Longina, Nerius, Merodina, Thecomyia, Thricopoda*, de l'Amérique du Sud ; *Diopsis, Glossina*, de l'Afrique occidentale ; *Amethysta*, du Cap ; *Loxonevra, Cleitamia, Achias*, des Iles de l'Océanie ; *Rutilia*, de l'Australie, *Curtocera*, du Bengale. Certains genres correspondants aux g. Hypoderme, Ædemagène et Cephenemye, sont les Curtèbres d'Amérique.

Le groupe des Syrphiens renferme des genres essentiellement européens, tels que les g. Sphégine, Psilote, Orthonèvre, Doros, Pélécocère, Brachypalpe, Mallote, Psare, etc. Il en est, tels que les grands genres Cerie, Chrysotoxe, Volucelle, Eristale, Syrphe, qui se trouvent dans les pays étrangers sous des formes spécifiques différentes ou même semblables : tels sont les *Ceria vespiformis, Chrysotoxum armatum, Eristalis æneus, floreus*, etc., qui habitent en même temps l'Europe et l'Afrique septentrionale ; *Ascia analis*, qui se trouve aux Canaries. Parmi les Syrphes qui sont nombreux en espèces et répandus partout, le *S. Ribesii*, qui est européen, se retrouve à Maurice ; le *corollæ* à Bourbon et à la Chine ; le *pyrastri* au Chili ; le *salviæ* à Java et à Sierra-Leone, etc.

Les genres exclusivement étrangers à l'Europe sont les g. Chymophile et Ceratophie, qui sont américains ; Aphrite, Volucelle, Xylote, qui appartiennent en partie au Nouveau-Monde ; Ocyptame, qui est des deux Amériques et des Canaries ; Sphærophorie, d'Égypte et du Bengale ; Priomère, Dolichogyne, Megaspide, Mixogastre, Sphæcomie, etc., de l'Amérique du Nord. La moitié des espèces du g. Éristale appartient à l'Amérique, et le reste est répandu en Afrique et en Asie. On trouve plusieurs espèces du g Hélophile en Asie, en Afrique et en Amérique.

La famille des Tabaniens est la plus riche de l'ordre des Brachocères en formes génériques. Les genres répartis dans la tribu des Stratiomydes sont presque tous communs en Europe ; jusqu'à ce moment, on n'en a pas trouvé un grand nombre d'espèces exotiques, à l'exception des g. Odontomyie et Sargue, qui sont répandus sur toute la surface du globe. Certains genres, comme les Cyphomyies, les Acanthines et les Herméties appartiennent à l'Amérique du Sud, et ne présentent, dans cette région, qu'une seule forme spécifique. Malgré la diffusion des grands genres de cette tribu, les Odontomyies et les Sargues exotiques sont plus propres à l'Amérique du Sud qu'à toutes les autres régions.

Le g. Chrysops, riche en espèces européennes, ne l'est pas moins en formes spécifiques exotiques. La plupart sont américaines ; mais on les trouve dans toutes les régions chaudes de l'ancien monde, excepté l'Océanie et l'Australie, où l'on n'en a pas encore trouvé.

On trouve, exclusivement à toute autre région, sur le continent américain, les g. Acanthomère, Dicranie et Rhaphiorhynque.

Le grand genre *Tabanus* se compose, comme tous les types, d'un nombre considérable d'espèces. L'Europe en compte plus d'une quarantaine, les autres régions de l'ancien monde, toutes ensemble, en ont à peu près autant ; l'Australie n'en a que deux ; mais l'Amérique en a 74 dans le sud et 40 dans le nord Certaines espèces ont une distribution géographique très étendue. Le g. Pangonie, est un de ceux qui sont le plus favorisés sous le rapport de la distribution géographique ; toutes les régions en sont richement dotées, à l'exception de l'Amérique boréale, où l'on n'en a trouvé qu'une seule espèce.

L'Amérique du Sud, cette région si riche en Diptères, est la patrie exclusive des Diabases et des Dichelacères, à l'exception d'une seule espèce qui est africaine.

Toutes les espèces européennes ont des représentants exotiques, à l'exception du g. Hexatome.

En tête de la famille des Asiliens se trouvent les Némestrides, qui sont plus particulièrement de l'Afrique orientale et australe.

Le genre *Anthrax*, qui compte un assez grand nombre d'espèces exotiques, se trouve représenté en Afrique par des formes spécifiques propres ; et quelques unes, telles que les *A. sinuata*, *fenestrata*, etc., appartiennent à la fois à l'Europe et à l'Afrique septentrionale. On en trouve un grand nombre en Amérique, quelques unes en Asie et en Océanie, et un très petit nombre en Australie. Les Exoprosopes sont surtout africains et asiatiques ; on en trouve fort peu dans l'Amérique méridionale, mais un certain nombre d'espèces dans l'Amérique septentrionale. Les Leptis sont des climats tempérés des deux hémisphères, et appartiennent à l'Europe et à l'Amérique boréale. Les Bombyles, dont on connaît en Europe un nombre à peu près égal à celui des autres régions du globe, se présentent dans l'Afrique australe sous un grand nombre de formes spécifiques propres ; quelques espèces se trouvent à la fois en Europe et dans l'Afrique septentrionale, et se retrouvent en Asie et en Amérique.

Dans la tribu des Empides, on trouve des g. purement européens, tels que les g. Cyrtome, Elaphropèze, Ardoptère, Drapetis, Xiphidicère, Tachydromie, Microphore, Glome, Paramédie, Brachystome et Pachymérine. Le g. *Empis* renferme des espèces exotiques propres à l'Afrique australe et boréale, à l'Asie (les monts Ourals et la Chine) et à l'Amérique.

Le g. Asile, si riche en formes spécifiques, et qui a donné naissance par démembrement à un grand nombre de genres, a des représentants en Afrique (l'Égypte et le Cap), au Bengale, en Perse, à la Chine, à Java, à la Nouvelle-Hollande, au Brésil, à la Colombie et dans la Caroline. Parmi les genres de cette famille dont la distribution est la plus vaste, il faut citer le g. *Ommatius*, qui, sous un très petit nombre de formes spécifiques, est répandu partout le globe, en Afrique, en Asie, en Océanie, dans les deux Amériques, avec des formes spécifiques propres. Le g. Lophonote, propre à l'Afrique, ne renferme qu'une espèce européenne. Le g. Proctacanthe est américain, et deux espèces sont : l'une d'Asie et l'autre d'Australie. Il en est de même du genre *Erax* ; quant au genre *Trupanea*, il est à la fois américain et asiatique, bien qu'on en trouve quelques espèces en Afrique et dans l'Australie, et il est représenté en Europe par une seule espèce, l'*Asilus pictus*. Au Brésil appartiennent les Mallophores et les Atomoses, les Lopho-

notes au Cap, les g. Damalis et Laxénécire aux Indes orientales, et le g. Craspédie à l'Australie.

Le g. Laphrie est essentiellement cosmopolite et représenté partout par un assez grand nombre de formes spécifiques, excepté en Australie ; mais l'Amérique seule, dans ses deux régions australe et boréale, en compte une cinquantaine. Le g. *Dasypogon*, démembré en un grand nombre de coupes génériques, est cosmopolite ; mais l'Afrique et l'Amérique du Sud sont les régions qui en contiennent le plus. On n'en trouve que peu dans le reste du globe.

Les Microstyles sont presque essentiellement africains, et le g. *Dioctria*, riche en Europe, ne possède que peu d'espèces exotiques, et elles sont répandues dans toutes les régions, sous des formes spécifiques propres.

Le g. Mydas, qui n'est représenté en Europe que par une seule espèce, est réellement américain, et l'on n'en trouve qu'un petit nombre d'espèces en Afrique et en Asie.

Les Némocères, moins riches en formes génériques que les Brachocères, suivent la même loi de distribution : les régions chaudes, boisées et humides sont leur patrie de prédilection. Ainsi l'Amérique méridionale possède la plus grande partie des genres et des espèces exotiques ; néanmoins les g. Macrocère, Bolétophile, Anisomère, *Dixa*, Trichocère et Cératopogon sont encore exclusivement européens. Le g. Limnobie est européen et des deux Amériques ; on en trouve néanmoins quelques individus en Afrique.

Le grand genre Tipule, outre ses formes européennes, présente des formes exotiques très variées, propres aux différentes régions du globe, excepté l'Océanie et l'Australie. Les Pachyrhines sont surtout exotiques, bien qu'il s'en trouve plusieurs en Europe. Le g. Cténophore, un des plus beaux genres européens, n'offre qu'un petit nombre de formes spécifiques exotiques : encore n'est-ce que dans l'Asie et dans l'Amérique septentrionale.

A l'Amérique appartiennent encore les g. Ptylogyne et Ozodicère, et à l'Australie, les g. Gynoplistie et Cténogyne.

A la fin des Diptères Némocères se trouve le g. *Culex*, qui est assez riche en espèces européennes et possède une trentaine d'espèces exotiques, dont une petite partie est propre aux régions chaudes de l'ancien monde et le reste aux deux Amériques.

En général, on ne trouve guère les genres européens de némocères qu'en Amérique, où ils sont très nombreux. L'Asie et Java en possèdent quelques autres. Quant à l'Afrique et à l'Océanie, elles ont, sous le rapport dipté-rologique, une Faune très peu riche.

Rhipiptères. Cet ordre, peu nombreux en genres et pauvre en espèces, dépend, pour la distribution, de l'habitat des Hyménoptères sur lesquels il vit en parasite.

Lépidoptères. Les Lépidoptères, répandus avec profusion sur toute la surface du globe, offrent une diversité d'habitat qui présente la plus grande variété, surtout à l'état de larve; car, comme Insectes parfaits, ils ne présentent que la double dissemblance de vie diurne ou nocturne. On trouve dans les Papillons un exemple de plus de la station exclusive propre aux animaux de toutes les classes; c'est que les végétaux exotiques importés en Europe, et qui nourrissaient, dans leur pays natal, des Insectes qui leur étaient propres, et n'appartenaient pas à notre continent, s'y sont maintenus, après leur naturalisation, à l'abri des insultes de nos Insectes indigènes; mais qu'on importe l'Insecte qui vivait aux dépens du végétal exotique, et bientôt il en sera dévoré comme devant. Cet ordre, regardé, après les Coléoptères, comme un des plus nombreux, ne paraît pas avoir été suffisamment étudié dans les pays étrangers, surtout dans les régions riches en êtres organisés; je ne donnerai donc pas, pour les Lépidoptères, de résultats numériques, rien n'étant plus impraticable que de présenter des chiffres satisfaisants.

NOCTURNES. Parmi les petits groupes de la tribu des Tinéides, on n'en connaît guère que d'indigènes, avec les stations les plus variées, telles que les feuilles, pour les *Diurnea*, les *Chauliomorphes*, les Adèles, les OEcophores; les végétaux vivants, l'écorce des arbres, pour les Lampros; les Champignons et le bois pourri pour les *Euplocamus*. Les Teignes vivent avant leur métamorphose dans les étoffes de laine et les fourrures. Ces Papillons, tous de petite taille, sont encore mal connus, surtout à l'état de larve, et leur distribution géographique varie suivant que les

recherches des lépidoptéristes font connaître de nouveaux habitats. Les Iponomeutides, bien moins nombreux et divisés en un moins grand nombre de coupes génériques, sont dans le même cas. Parmi les Crambides, le g. *Crambus* est le plus nombreux en espèces et le seul dont on connaisse des espèces exotiques. Les Pyralides, quoique se ressemblant beaucoup par le facies, ce qui les avait fait désigner par les auteurs sous le nom commun de Pyrale, sont surtout connues sous leurs formes européennes. Le genre Pyrale, le plus riche en formes spécifiques, a des représentants dans l'Amérique du Nord et au cap de Bonne-Espérance. Dans les genres *Argyrolepia* et *Argyroptera*, on trouve, outre les espèces européennes, des espèces américaines; le g. *Nanthilda* est de Savannah. Dans le groupe des Botydes se trouvent des genres dont la plupart sont communs à l'Europe, et souvent sous une seule forme générique et spécifique; on ne connaît d'espèces exotiques que pour les g.: *Herminia*, qui se trouve en Amérique et au cap de Bonne-Espérance, *Botys*, et l'*Asopia farinalis*, qu'on prétend se trouver jusqu'en Amérique.

Les Phaléniens sont encore dans le même cas; on en connaît beaucoup d'indigènes et peu d'exotiques. Le type du g. Uranie est de Madagascar. Les espèces européennes ont généralement une grande distribution géographique dans ce continent, sous une même forme spécifique. L'*Aspilates calabraria* se trouve dans l'Europe méridionale et dans l'Afrique septentrionale. Les g. *Larentia* et *Cidaria* renferment à la fois des espèces indigènes et exotiques, et le g. *Thetidia*, dont une seule espèce se trouve dans le midi de l'Espagne est africain. Parmi les espèces, européennes, quelques unes montent haut dans le nord, tel est le *Metrocampa margaritaria*, et certains g., tels que les g. *Acidalia*, *Boarmia*, *Ennomos*, *Gnophos* et *Eubolia*, sont très riches en espèces européennes.

On ne connaît encore, parmi les Noctuéliens, qu'un petit nombre d'espèces exotiques, si ce n'est dans les g. *Cymatophora*, *Hadena*, *Chariclea*, dont une espèce, le *C. delphinii*, habite l'Europe méridionale et l'Asie-Mineure. Quelques espèces, telles que l'*Heliophorus graminis* et le *Cerigo cytherea*, sont propres au nord de l'Europe. Le genre *Noctua* ne comprend guère que des espèces européennes, le genre *Cucullia* est en grande partie européen , et le genre *Plusia* se compose d'une trentaine d'espèces européennes et de plusieurs exotiques, dont une, le *P. chrysilis*, se trouve dans la plus grande partie de l'Europe et de l'Amérique septentrionale. L'*Ophiusa tirrhœa* habite l'Europe méridionale et l'Afrique. Le genre *Catocala* renferme, outre 22 espèces européennes, quelques espèces exotiques. Le type du g. *Ophideres* est de Madagascar. Le *Cyligramma*, dont toutes les espèces appartiennent aux parties chaudes de l'Asie et de l'Afrique, a pour type le *Latona*, ainsi que l'*Aganais borbonica*, qui se trouve à la fois à Bourbon et à Madagascar. Les espèces du genre *Anthemoisia* sont du Cap et des îles africaines de la mer des Indes. Le genre Phyllodes est australien.

On trouve dans le groupe des Bombyciens un plus grand nombre de genres et d'espèces exotiques ; mais l'Europe est encore la région la plus riche en Lépidoptères de cet ordre. Les genres très répandus dans cette région, quoique peu nombreux en espèces , sont les g. *Cossus* et *Hepialus*. Le genre *Lithosia* possède un grand nombre d'espèces d'Europe. Un genre à diffusion cosmopolite est le genre *Attacus*, dont une espèce, l'*Atlas* est de Chine, l'*Aurora*, de la Guiane, les *Pavonia major* et *minor*, de France , et *Luna*, de l'Amérique boréale. Parmi les nombreuses espèces du g. Bombyx , on en connaît , outre les 18 espèces européennes, plusieurs exotiques. Les g. *Callimorpha*, *Euchelia* et *Platypteryx* sont répandus dans toutes les régions géographiques.

A l'Afrique appartient le g. *Borocera*, qui est de Madagascar ; le g. *Hazis* est asiatique, le g. *Æceticus* est de l'Amérique méridionale. Les *Cerocampa*, formés aux dépens du g. *Aglia*, sont américains. Le *Sericaria mori* est originaire de Chine.

CRÉPUSCULAIRES. Ces Lépidoptères , beaucoup moins nombreux que les précédents, se composent de Papillons très grands ou très petits. Les Castniens se composent d'espèces essentiellement équatoriales. Le g. *Castnia* , le plus nombreux de tous , est répandu dans plusieurs régions tropicales. Le g. *Cocytia* est de la Nouvelle-Guinée, l'*Agarista* de Madagascar, de l'Inde et de l'Océanie, le g. *Coronis* du Brésil ; le g. *Ho-*

catosia est de la Nouvelle-Hollande , l'*Ægocera* de l'Inde.

Le g. *Sphynx*, qui est devenu le type d'une famille de Lépidoptères crépusculaires, est aujourd'hui composé d'un nombre d'espèces assez restreint, propre surtout aux régions tempérées des deux continents. On a établi le g. *Thyreus* pour une espèce propre à l'Amérique du Nord. Les nombreuses espèces du genre *Deiphila* sont indigènes ou exotiques, et celle du *Nerium*, ainsi que l'*Acherontia atropos*, se trouve également en Europe , en Asie et en Afrique. Le *Brachyglossa* est d'Australie.

Les Zygéniens, composés d'un petit nombre de formes génériques ont pour formes typiques propres , les *Sesia* et les *Zygœna*, démembrés en un nombre assez considérable de g. répandus dans toutes les régions , surtout en Europe. Sans avoir le plus grand nombre de formes spécifiques, cette région possède des représentants de chaque genre, excepté le genre *Glaucopis*, dont le type est de Madagascar, et les autres espèces exotiques et le g. *Psichotoe*, du Bengale. Le g. *Sesia* se compose de 48 espèces, et les *Zygena* de presque autant.

DIURNES. Les g. qui composent cet ordre sont extrêmement nombreux et d'une distribution assez vaste dans les g. qui, comme les g. *Syricthus*, *Thecla*, *Satyrus*, *Nymphale*, *Vanessa*, *Argynna*, *Heliconius*, *Danais*, *Colias*, *Pieris*, *Papilio*, se composent d'un grand nombre d'espèces, et représentent pour ainsi dire les types généraux de formes ; ils sont aussi les plus cosmopolites.

Les Hespériens, qui se rapprochent le plus des Crépusculaires, sont composés d'un petit nombre de genres, formés par le démembrement du grand g. *Hesperia*. A part les g. *Syricthus* , *Hesperia* et *Thanaos*, qui sont communs à l'Europe et à plusieurs autres régions , tous les autres sont exotiques. Le *Nyctalemon* est de l'Inde et de l'Australie ; les g. *Cydimon* et *Eudamus* sont américains.

Les Eryciniens se composent d'une assez grande quantité de genres , dont quelques uns sont assez nombreux en espèces , tels sont les g. *Nymphidium*, qui est exclusivement américain ; *Polyommata* , *Thecla*, qui sont cosmopolites, et dont on connaît dix espèces d'Europe. Les *Lycœna* sont européens , Les g. *Zeonia*, *Eumenia*, *Barbi-*

cornis, *Helicopis*, *Desmozona*, *Eurybia*, etc., sont américains. Le g. *Zerythis* est de l'Afrique méridionale ; le g. *Loxura* de l'Afrique occidentale. Les g. *Anops*, *Myrina*, *Arhopala*, sont asiatiques et océaniens.

Les Nymphaliens comprennent plus de genres que les familles précédentes ; ils se composent de Papillons, dont quelques uns sont grands et beaux et ornés de couleurs métalliques. Quoique répandus en grand nombre dans les diverses régions, ils sont plus nombreux dans les contrées tropicales. Quelques g. comptent un grand nombre d'espèces ; tels sont les g. Satyre, dont la plupart des individus sont européens et très communs dans presque toute l'Europe ; *Erebia*, qui est également un g. européen ; Nymphale, Vanesse, parmi lesquels on trouve des espèces réellement cosmopolites, telles que la *Vanessa cardui*, qui est répandue sur toute la surface du globe, l'*Atalanta*, qui se trouve dans toute l'Europe, dans le nord de l'Afrique, dans l'Asie-Mineure et l'Amérique du Nord, et Argynne, dont une partie est européenne ; *Heliconius*, g. américain ; Danais, cosmopolite ; *Euplœa*, des îles de la Sonde et de l'océan Indien. Les g. *Aterica* et *Cyrestis* sont à la fois asiatiques et africains. Le g. *Eurytela* est de Java et de l'Afrique méridionale ; le g. *Melanitis* appartient aux Indes orientales, et une espèce, l'*Etusa*, est du Mexique ; le g. *Cethosia* est océanien et indien. Le g. *Acræa* est de l'Asie et surtout de l'Afrique. Les g. américains sont assez nombreux ; tels sont les genres *Hœtera*, *Morpho*, *Catagramma*, *Megalura*, *Agraulis*, *Nerias*, *Peridromia*. Le g. *Hamadryas* est de la Nouvelle-Hollande.

La plupart des genres de la famille des Papilloniens sont très nombreux en espèces, et la plupart sont exotiques. Tels sont les *Colias*, dont les nombreuses espèces sont répandues par tout le globe ; le g. *Terias*, composé de plus d'une cinquantaine d'espèces toutes exotiques. Les *Pieris* sont répandues dans les parties septentrionales de l'ancien continent ; deux espèces, celles du Chou et de la Rave, se trouvent dans toute l'Europe, dans le nord de l'Afrique, et dans la partie septentrionale de l'Asie jusqu'au Cachemire. La *Duplicidæ* est répandue dans l'Europe, la Barbarie et l'Asie-Mineure ; le genre *Papilio*, dont on élève le nombre des espèces à plus de 250, est dans le même cas ; il a des représentants sur tout le globe : le Polymnestor et le *Coon* aux Indes, le Paris à la Chine, etc. Le Machaon, si connu des amateurs, est commun dans toute l'Europe, et se trouve dans le nord de l'Afrique et dans une partie de l'Asie.

Parmi les espèces dont la distribution est limitée, je mentionnerai l'Iphias de l'Asie orientale ; le g. Pontia de l'Afrique et des Indes orientales, le g. *Idmais*, d'Arabie ; les g. *Euterpe* et *Leptalis* sont américains, et se composent d'une vingtaine d'espèces. L'*Eurycus* est australien, le *Leptocircus* de Java, et l'Ornithoptère, le plus beau et le plus grand de tous les Lépidoptères, est de l'Océanie. On trouve dans les régions montagneuses de l'Europe et de l'Asie septentrionale les diverses espèces du genre *Parnassius*, et la Memnosyne est presque cosmopolite.

Hyménoptères. Cet ordre, un des plus importants de la classe des insectes, se compose d'un nombre considérable de genres, parmi lesquels beaucoup sont très riches en formes spécifiques.

La section des Porte-Aiguillons, quoique moins riche en formes génériques que celles des Térébrants, ne laisse pas d'être importante, en ce qu'elle renferme les insectes les plus industrieux et ceux chez lesquels les mœurs rappellent le mieux celles des Vertébrés les plus élevés dans l'échelle intellectuelle. La famille des Mellifères, quoique fractionnée en un grand nombre de genres, se résume en deux formes principales, les *Bombus* et les *Apis*. Les genres répandus dans plusieurs régions, et dont les espèces sont très nombreuses, sont les g. *Andrena*, *Halictus*, *Osmia*, *Nomada*, *Xylocopa* et *Cœlioxys*, qui, quoique renfermant un moins grand nombre d'espèces, est répandu sur toute la surface du globe. Les Abeilles sont exclusivement propres à l'ancien continent ; car celles qui existent en Amérique y ont été transportées d'Europe, où l'on en trouve quelques espèces appartenant en propre à ce pays. Le g. *Nomia* est d'Asie, le g. *Crocisa* des Indes et d'Australie, *Ceratina* d'Europe et d'Amérique, *Allodape* du Cap ; à l'Europe appartiennent les g. *Anthophora*, *Melilturga*, *Eucera*, etc. Les g. exclusivement américains sont les g. *Centris*,

Euglossa, etc.; les *Melipona* se trouvent en Amérique et en Océanie.

Le type de la famille des Guépiaires est le g. *Vespa*, celui qui renferme le plus d'espèces et a la plus vaste habitation. Les genres *Polybia*, *Agelaia*, *Epipona*, sont exotiques et surtout de l'Amérique méridionale.

La famille des Euméniens se compose principalement des deux genres *Eumenes*, dont la plupart des espèces sont exotiques, et quelques unes seulement indigènes, et *Odynerus*, qui au contraire appartient surtout à l'Europe.

C'est dans l'ancien continent qu'on trouve le genre *Masaris* et le petit g. *Cœlonites*, dont l'unique espèce habite l'Europe méridionale.

Les Hétérogynes, dont le type est le genre Fourmi, appartiennent en partie à l'Europe, et le reste aux autres parties du globe. Les g. *Ponera*, à l'exception d'une espèce, *OEcodoma* et *Alta*, sont d'Amérique.

Les Mutilliens, à l'exception du g. *Mutilla*, qui est répandu dans toutes les contrées du globe, et le g. *Methoca*, qui est européen, sont exotiques. Ainsi les g. *Dorylus* et Psammoterme sont africains, le g. *Laridus* américain, et le g. *Thynnus* australien.

La plupart des genres qui composent la famille des Scoliens sont exotiques, quoique tous sans exception contiennent des espèces indigènes, et que les g. Sapyge, *Tiphia* et *Polochrum* soient exclusivement européens.

Le g. *Bembex*, dont on a formé une famille, se compose d'un certain nombre d'espèces répandues dans les contrées chaudes du globe et qui ne montent pas vers le nord plus haut que nos départements méridionaux. Le genre *Monedula* est tout entier exotique. On trouve parmi les g. nombreux qui composent la famille des Crabroniens, tels que les g. *Mimesa*, *Psen*, *Cerceris*, *Pemphredon*, etc., des espèces indigènes, et aucun qui soit uniquement exotique. A l'exception du g. *Crabro*, ils ne comprennent, en général, qu'un très petit nombre d'espèces

Il ne se trouve pas de genres exotiques dans la famille des Larriens, et le g. *Palarus* est le seul qui, sous un nombre de formes spécifiques assez restreintes, soit répandu dans l'Europe méridionale, en Afrique et en Arabie.

On ne compte, dans la famille des Sphé-

giens, d'autres g. importants que les g. *Pompilus*, *Sphex* et *Pelopeus*, qui sont répandus dans les diverses régions du globe. Les genres purement exotiques sont les g. *Pepsis*, de l'Amérique méridionale, *Macromeris*, des Indes orientales et de la Nouvelle-Guinée, *Chlorion*, de l'Asie, des îles africaines, de l'océan Indien et de l'Amérique du Sud.

Les Hyménoptères térébrants sont composés d'un bien plus grand nombre de genres sous un petit nombre de formes typiques. Ce sont les Ichneumons, les Chalcides et les Cynips.

Ce sont encore des insectes intéressants et plus utiles peut-être même que les Porte-Aiguillons.

Les Ichneumoniens forment la famille la plus considérable; elle a été divisée en un nombre assez grand de coupes génériques faites aux dépens des grands genres linnéens, et presque tous sont établis sur les Ichneumoniens d'Europe qui sont les mieux étudiés. La France, l'Allemagne, l'Angleterre, la Belgique, sont les régions les plus connues, et l'on ne trouve en espèces réellement exotiques que le g. *Joppa*, qui est américain. Les genres nombreux en espèces, et dans lesquels les exotiques entrent pour une grande part, sont les g. *Bracon*, *Ophion*, *Cryptus*, plus riches en espèces indigènes, *Banchus*, *Pimpla*, *Tryphon* et *Ichneumon*. Ce dernier genre est le plus considérable de tous; il comprend plus de 300 espèces européennes, et les exotiques sont au moins aussi nombreuses. Les genres indigènes sont les g. *Microgaster*, *Ascogaster*, *Blacus*, *Xorides*, *Bassus*, *Alomya*, etc., sans compter un grand nombre de genres établis sur une seule espèce.

Les Évaniens sont cosmopolites; mais le nombre des genres et celui des espèces en est très borné. On n'en connaît qu'un seul qui soit exclusivement européen, c'est le g. *Aulacus*. On trouve des *Fœnus* dans les parties chaudes des deux hémisphères, et des *Evania* partout.

Les Chrysides renferment un grand nombre de genres à espèces indigènes et exotiques. Les *Chrysis*, le g. le plus important de ce groupe, quoique plus riche en espèces indigènes, est à peu près répandu partout.

La famille des Oxyuriens, bien que composée d'un assez grand nombre de genres, ayant tous en Europe des représentants, et, pour ainsi dire, indigène, n'en renferme aucun qui soit riche en espèces, si ce n'est les g. *Platygaster*, *Dryinus*, *Proctotrupes*, qui sont essentiellement européens. On en connaît beaucoup du nord de l'Europe, tels sont les g. *Ceraphron*, *Scelo*, *Inostemma*, *Bethylus*, etc.

Les Chalcidiens, aussi nombreux en genres et en espèces que les Ichneumons, sont surtout connus sous leurs formes européennes; les genres les plus riches en formes spécifiques sont les g. *Entedon*, *Eulophus*, *Pteromalus*, *Miscogaster*, *Callimome*; le g. *Chalcis* est répandu dans toutes les parties du monde. Les g. *Thoracantha* et *Conura* sont américains.

Les Cynipiens, dont le g. *Cynips* est le type, ne sont encore connus que sous un petit nombre de formes spécifiques indigènes.

Les Oryssiens sont d'Europe; les Siriciens, sous deux formes génériques, sont des contrées boréales des deux hémisphères. Le genre *Xyphidria* est purement indigène.

Les Tenthrédiniens, composés d'un grand nombre de genres, en renferment quelques uns riches en espèces; tels sont les g. *Dolerus*, *Selandria*, *Tenthredo*, *Nematus*, *Hylotoma*, *Cimbex*, *Athalia* et *Lyda*, qui sont tous représentés en Europe par un grand nombre d'espèces. Le g. *Tarpa* est propre à l'Europe et au nord de l'Asie. Le g. *Lophyrus* est répandu dans les contrées froides de l'Europe et de l'Amérique. Les g. *Amasis* et *Cladius* sont essentiellement européens; les genres *Pterygophorus* et *Perga* sont de la Nouvelle-Hollande.

Névroptères. Les Insectes de cet ordre sont peu nombreux, puisque les species les plus récents n'en font guère connaître que 800 espèces réparties en une centaine de genres. Malgré l'extrême division qu'a subie cet ordre, on n'y trouve pour type de forme, dans les Plicipennes, que les g. *Mystacide*, *Sericostoma* et Phrygane, qui sont les plus nombreux en espèces, et autour desquels se groupent d'autres petits genres. Tous appartiennent à l'Europe, et la plupart à la France. Il n'en faut excepter que le petit g. *Macronema*, qui présente deux formes

spécifiques, une de Madagascar, et l'autre du Brésil.

Les Planipennes, plus riches en genres et en espèces, reposent sur 5 formes typiques, les Perles, les Termites, les Hémérobes, les Myrmélions et les Panorpes. Les g. Nemoure et Perle, les plus nombreux en espèces, sont exclusivement européens; pourtant on trouve à Philadelphie une espèce du g. Perle. Les g. Hémérobe et Mantispe offrent des formes spécifiques européennes, africaines et américaines : le g. Chauliode est de l'Amérique du Nord, et le g. *Nevromus* de l'Océanie et de Philadelphie. Tous les genres qui composent le groupe des Nymphides sont européens. Quant aux Myrmélionides, ils sont cosmopolites. Le g. Myrméléon, riche de 43 espèces, est répandu sur toute la surface du globe, excepté en Océanie; le g. Pælpares est moins répandu. Il n'a qu'une seule espèce pour représentant européen, une seule se trouve à la Jamaïque, et le reste en Afrique et en Asie. Deux genres principaux composent la famille des Ascalaphides, ce sont les g. *Bubo* et *Ascalaphus*. Le premier est représenté par plusieurs formes spécifiques, en Espagne, dans l'Afrique septentrionale en Perse, à Java et en Australie; le second, quoique plus riche en espèces, paraît exclusivement européen. On a groupé autour les petits g. *Ulula*, *Byas*, etc., qui sont de l'Amérique du Sud.

Le g. Panorpe se trouve dans les parties tempérées de l'ancien monde et du nouveau, et le g. *Psocus*, présentant 16 formes spécifiques, paraît exclusivement européen. A part deux espèces dont l'habitat est inconnu, le reste se trouve dans nos environs.

La famille des Termitides, qui comprend les g. *Emebia* et *Termes*, est surtout des régions chaudes des deux hémisphères, à l'exception de l'Océanie, de l'Amérique du Nord et de l'Australie, qui en sont privées; l'Afrique, l'Inde et l'Amérique méridionale sont leur centre d'habitation.

La division des Subulicornes se compose des deux formes typiques, Ephémère et Libellule.

Les Éphémérides sont européennes; les Agrionides, dont les g. principaux sont les g. Agrion avec 31 espèces, *Lestes* et *Caloptéryx*, qui, outre leurs espèces européennes, sont représentés en Afrique, en Asie et dans l'Amérique du Sud par des formes spécifiques propres. On trouve en Europe et à Java le g. *Platycnemis*, et dans l'Inde et Java, le g. *Rhinocypha*. Le g. *Mecistogaster* est du Cap et de l'Amérique du Sud.

On peut mettre au nombre des genres le plus essentiellement cosmopolites, les Æshnides, qui se trouvent répartis entre toutes ces régions. On n'a pour le g. Gynacanthe que des formes équatoriales; mais ces insectes sont de véritables Æshnes.

Les Gomphides, dont le g. *Gomphus* est le type, sont moins répandus sous une même forme. Ainsi les diverses espèces des genres *Gomphus* sont d'Europe, d'Afrique, d'Amérique et d'Australie; le g. *Diastatoma* est africain, asiatique et américain.

Le g. le plus important de la famille des Libellulides est le g. Libellule, dont on connaît plus de 140 espèces réparties entre toutes les régions. A l'exception de ce genre et du g. *Cordulia*, les autres genres qui composent cette famille sont des régions chaudes de l'ancien monde et de l'Amérique du Sud. On trouve, comme une exception, une espèce du g. *Macromia* à Madagascar, quand le reste du g. est de l'Amérique du Nord; et, parmi les g. exclusifs, je citerai les genres *Acisoma* de Madagascar et du Bengale, *Zygomme* de Bombay, etc.; et ce qui fait lacune dans ces travaux, c'est le grand nombre d'espèces appartenant à tous les genres dont l'habitat est inconnu.

Hémiptères. Les deux grandes sections qui partagent cet ordre sont d'une importance numérique inégale. Les Homoptères sont bien moins nombreux que les Hétéroptères, et sont plus équatoriaux que ces derniers. Par leur genre de vie phytophage ou créophage, ils ont des rapports intimes avec la Flore et la Faune des pays qu'ils habitent, et leur balance numérique dépend de celle des végétaux et des animaux qui servent à l'entretien de leur vie.

Les Thripsiens, d'une extrême petitesse, sont difficiles à trouver; c'est sans doute ce qui fait que cette famille est peu nombreuse en genres et en espèces, qui appartiennent surtout à l'Europe.

Sous un petit nombre de formes génériques se présentent les Cocciniens, dont la forme la plus importante est le g. *Coccus*, qui vit en parasite sur les végétaux, et se trouve répandu par tout le globe, jusqu'aux latitudes les plus élevées; la distribution de ces Insectes dépend des végétaux à l'existence desquels la leur est attachée.

Les Aphidiens sont dans le même cas, et le nombre des espèces en est considérable. Les *Aphis* sont de tous les points où se trouve le végétal qu'ils habitent. Les Kermès présentent le même phénomène. Les espèces européennes sont les mieux connues.

Les Psylles, répandus dans toutes les parties du monde, et échappant aussi par leur microscopisme aux recherches des entomologistes, vivent en parasites sur les végétaux, et sont très communs dans notre pays.

On trouve dans la famille des Cicadéliens beaucoup de g. et d'espèces. Les deux formes typiques sont les *Tettigonia*, dont on connaît 200 espèces, et les Cercopes. Il s'en trouve un assez petit nombre dans les régions appartenant à l'ancien monde; mais l'Amérique est leur patrie véritable. Ainsi, à l'Amérique du Sud appartiennent, outre les espèces qui rentrent dans les g. précités, les g. *Æthalion*, *Cœlidia*, *Gypona*, *Scaris*, etc. Le g. Eurimèle est de l'Australie. Le g. *Evacanthus* est essentiellement européen, et l'on trouve des espèces du g. *Ledra* en France, en Afrique et dans l'Australie.

Les Membraciens sont également plus nombreux dans le nouveau monde que partout ailleurs; tels sont les g. *Membracis*, dont une espèce, le *Bubalus*, est de l'Amérique du Nord, *Cyphotes*, *Darnis*, *Hemiptycha*, *Bocydium*, *Lamproptera*, *Heteronotus*. On trouve dans toutes les régions des espèces du g. *Oxyrachis*; le g. *Centrotus* est de l'ancien monde, et le g. *Machœrota* des Philippines.

Une des familles les plus riches de la section des Homoptères est celle des Fulgoriens, qui vivent comme les Cigales du suc des végétaux. Quelques uns, comme les *Delphax*, les *Derbe*, les *Cixia*, etc., sont de petite taille, tandis que les Fulgores sont d'une taille très grande. Ils sont répandus partout; mais appartiennent surtout aux régions méridionales du globe. Les genres cosmopolites sont le genre *Flata*, qui appartient aux régions chaudes des deux hémisphères, et le genre Fulgore dont les espèces les plus grandes viennent de l'Amérique du Sud. On trouve des *Ricania* dans toutes les régions, excepté en Europe. Les g. *Cixia, Issus* et *Asiraca* sont les plus européens, et le g. *Tettigometra* appartient à l'Europe. Les g. essentiellement américains sont les g. *Colptera, Lixia, Otiocerus* de l'Amérique du Sud, et les g. *Anotia* et *Hinnys* de l'Amérique du Nord.

Les Cigales, dont on a formé une famille, comprennent des Insectes de taille variable répandus dans toutes les parties méridionales du globe ; pourtant on en trouve jusque sous le 48ᵉ degré de latitude N.

Les Hétéroptères, divisés en genres nombreux, comprennent un grand nombre de formes spécifiques. Les Scutellériens sont riches en espèces, surtout dans le g Scutellère : ce sont les Hémiptères les plus brillants ; ils appartiennent surtout aux régions équatoriales. Les genres très répandus sont les genres *Canopus, Odontoscelis,* qui se trouvent en Europe et dans l'Amérique du Sud ; *Cydnus,* et Scutellère, qui sont de toutes les régions, excepté d'Europe ; *Pachycoris,* répandu dans plusieurs régions sous une même forme spécifique; *Sciocoris,* des deux hémisphères ; Pentatome, dont on trouve en Europe un assez grand nombre d'espèces; *Halys* et *Aspongopus,* propres aux deux hémisphères. Les *Tetyra* sont presque tous européens ; les g. *Sphærocoris, Tessaratoma,* appartiennent à l'Afrique et à l'Asie. Les g. *Agapophyta,* Oncomeris et Megymenum appartiennent aux Indes orientales et à la Nouvelle-Hollande. Les g. *Chlænocoris* et *Edessa* sont essentiellement américains.

On ne trouve dans la famille des Miriens qu'un petit nombre de genres avec un grand nombre d'espèces. Le g. le plus important de cette famille est le g. *Phytocoris,* dont la plus grande partie des espèces qui le composent sont européennes; tous les genres de cette famille sont dans ce cas. A l'Europe appartient en propre le g. *Eurycephala.*

Les Lygéens, tout en ne comprenant qu'un petit nombre de genres, sont riches en formes spécifiques. On y trouve déjà à travers des groupes phytophages quelques carnassiers et d'autres qui vivent d'insectes en état de décomposition. Les g. les plus nombreux en espèces sont les g. *Anthocoris, Aphanus,* dont une partie appartient à l'Europe ; *Lygæus* et *Astemma,* qui sont répandus dans

toutes les parties du monde. Le g. *Largus* est exclusivement américain.

Les Coréens comprennent un assez grand nombre de genres phytophages, et quelques uns sont nombreux en espèces. Les g. *Nematopus* et *Coreus* sont répandus dans toutes les parties du monde. Les g. *Meropachys, Copius, Paryphes, Coreocoris, Merocoris,* se trouvent en Europe et en Amérique, et c'est dans cette dernière région qu'habitent une partie des espèces des g. *Pachylis* et *Neides.* Le g. *Actorus* est du midi de l'Europe.

La famille des Aradiens se compose d'espèces assez petites et vivant sur les végétaux, telles que les *Tingis,* qui sont surtout européens ; d'autres, comme les *Arada,* de l'ancien monde, et *Phymata* des différentes parties du monde, et surtout de l'Amérique, vivent d'insectes qu'ils poursuivent sur les fleurs. Le g. *Cimex,* dont la seule espèce bien constatée est la Punaise des lits, est répandue dans toute l'Europe.

Le groupe le plus nombreux en genres et même en espèces est celui des Réduviens, qui sont essentiellement carnassiers. Les deux genres les plus importants sont les Réduves et les *Zelus,* qui sont répandus dans toutes les parties du monde. On ne connaît que des espèces européennes du g. *Nabis ;* c'est aussi dans cette région et surtout en France que se trouve le g *Ploiaria.* Le g. *Prostemma* est d'Afrique et d'Europe ; le g. *Lophocephala* de l'Inde, et le g. *Emesa* appartient aux contrées méridionales de l'Afrique, de l'Asie et de l'Amérique.

Les dernières familles de cet ordre, telles que les Véliens, les Leptopodiens, les Galguliens, les Népiens et les Notonectiens, se composent d'Insectes aquatiques vivant dans les eaux ou sur leurs bords, et dont les plus importants sont les g. *Gerris* et *Velia,* le premier cosmopolite, et le second composé d'espèces indigènes qui vivent d'Insectes qu'ils poursuivent en glissant sur l'eau avec agilité ; le g. *Halobates,* qui vit sur les bords de la mer, et appartient aux régions équatoriales; les g. *Salda* et *Leptopus,* qui sont indigènes ; *Pelogonus,* d'Europe ; *Galgulus* et *Mononyx,* de l'Amérique ; *Nèpe* et *Ranâtre,* de toutes les contrées du globe, quoique peu nombreux en espèces ; *Naucoris,* d'Europe ; les Notonectiens des g. *Ploa, Notonecta* et *Co-*

rixa, hémiptères nageurs et carnassiers, sont peu nombreux en espèces, et surtout européens.

Orthoptères. Ces Insectes, phytophages, carnassiers et omnivores, se composent d'un petit nombre de g., comprenant une petite quantité d'espèces, mais répandus sous une seule forme en nombre prodigieux. Les types de cet ordre sont les Criquets, les Grillons, les Sauterelles, les Phasmes, les Mantes, les Blattes et les Forficules.

Le genre *Acridium*, répandu dans toutes les parties du monde, se compose d'un grand nombre d'espèces, dont quelques unes envahissent certaines contrées méridionales en quantité considérable. Quelques espèces ont une habitation très étendue : tel est l'*A. sibericum*, qui se trouve en Sibérie et en Suisse. On trouve le g. Truxale en Afrique et dans l'Europe méridionale. Les g. *Pamphagus*, *Ommexecha* et *Dictyophorus* se trouvent en Afrique et dans l'Amérique du Sud. Le g. *Tetrix* est composé d'espèces pour la plupart indigènes. Les g. *Pneumona* et *Proscopia* sont américains.

Les Grylliens sont répandus dans la plupart des contrées du globe sous des formes génériques et spécifiques différentes, qui rentrent presque toutes dans les g. *Acheta* et *Gryllus* de Fabricius.

La famille des Locustiens est la plus riche du groupe des Orthoptères en genres et en espèces. Le g. *Locusta* est le type morphologique de cette famille, qui se compose en partie de genres exotiques. Les g. *Gryllacris*, *Megalodon* et *Listroscelis* sont de l'Océanie ; *Mecopoda*, des Indes orientales ; *Phyllophora*, *Hyperomala* et *Prochilus*, de l'Australie ; *Pterochroza*, *Acanthodis*, etc., de du midi de l'Amérique méridionale.

Les Orthoptères de la famille des Phasmiens, ces insectes aux formes bizarres, appartiennent aux Moluques, aux Indes orientales et à l'Amérique du Sud. Cette famille ne se trouve représentée en Europe que par le g. *Bacillus*, qui est d'Italie et de France.

On ne trouve qu'un petit nombre de genres dans la famille des Mantiens. Tous, à l'exception de quelques espèces des genres *Mantis* et *Empusa*, qui appartiennent à l'Europe méridionale et tempérée, ainsi qu'à l'Amérique du Nord, sont des parties équa-

toriales des deux hémisphères, mais plus communs dans l'Amérique méridionale et l'Afrique que dans l'Asie. Les Hétérotarses sont de l'Égypte, et les Toxodères de l'Océanie.

Le g. le plus important de la famille des Blattiens est le g. Blatte, qui est répandu dans toutes les parties du monde, depuis les zônes tempérées jusqu'à l'équateur et sous une même forme spécifique ; telles sont les *Blatta maderæ*, *americana* et *orientalis*. Le g. *Polyphaga* est de l'ancien monde, le g. *Pseudomops* de l'Amérique méridionale, et le g. *Phoraspis* des parties chaudes des deux continents.

Le g. Forficule, le seul qui constitue la famille des Forficuliens, la dernière des Orthoptères, séparée sous le nom de *Dermaptères* et formant un nouvel ordre de la classe des insectes, est répandu sur toute la surface du globe, depuis l'équateur jusqu'au 50° degré de longitude N.; l'Europe en possède près de moitié des espèces, qui s'élèvent à une cinquantaine.

Coléoptères. Cet ordre, le plus élevé de la classe des Insectes, se compose de plus de 40,000 espèces réparties en un nombre très considérable de genres, différant entre eux par l'habitat, la figure et le genre de vie. Ils se résument cependant en un petit nombre de forme typiques qui ont été érigées en familles, et dont quelques unes sont composées d'un nombre très considérable de genres et d'espèces ; ce sont les formes Coccinelle, Chrysomèle, Longicorne, Scolyte, Charançon, Scarabée, Sylphe, Cebrion, Bupreste, Staphylin, Dytisque, Carabe et Cicindèle.

La première section des Coléoptères, celle des Dimères, comprend quelques genres presque tous européens ; les plus importants sont les g. *Euplectus* et *Bryaxis*, dont une espèce est de l'Amérique boréale, le g. *Batrisus* est de l'Europe, de l'Amérique boréale et du Cap, et le g. *Metopias* représente tout l'ordre dans l'Amérique du Sud.

L'ordre des Trimères, quoique plus important, ne se compose encore que d'un très petit nombre de genres Fungicoles et Aphidiphages. Ces derniers sont répandus sous la forme des Coccinelles, et de leurs démembrements en *Epilachna*, *Hyperaspis*, *Hippodamia*, etc., dans toutes les parties du

monde, parmi les Fungicoles, le g. Eu-
morphe est nombreux en formes spécifiques
des Indes et de l'Océanie.

A la tête des Tétramères se trouvent les
Chrysomélines, qui se composent, en genres importants, des Eurotyles propres aux
parties chaudes de l'Amérique et à l'Inde,
des Altises, qui habitent dans toutes les parties du globe, et sont très répandus dans les
contrées tempérées. Les Galéruques, les Cryp-
tocéphales et les Chrysomèles sont abondants
partout, et l'on en trouve un grand nombre
en Europe. Les *Colaspis* sont nombreux,
et presque tous des parties chaudes des
deux hémisphères, les Hispes et les Cassides
très répandus, mais surtout dans les pays
chauds, les Criocères, les *Lema* et les
Donacies, cosmopolites, mais propres aux
climats tempérés, et les Mégalopes, de l'A-
mérique du Sud.

Les Longicornes comprennent les Lep-
tures, g. à grande diffusion, et qui, sous une
même forme, appartiennent à l'Europe, à
l'Asie septentrionale et à l'Amérique boréale, les g. *Phytœcia, Monohamnus, Calli-
dium, Rhagium*, Saperde, répandus dans
plusieurs contrées; *Dorcadion*, de l'Europe
et du nord de l'Asie; *Campsosoma, Amphio-
nycha, Leiopus, Acanthoderus*, avec une espèce de France, *Sphærion, Eburia, Ibidion,
Colobothea*, avec une espèce de Java, de
l'Amérique du Sud, et quelques espèces de
l'Amérique du Nord; *Gnoma*, de l'Inde
et de l'Australie. Le genre *Lamia*, jadis
très nombreux en espèces avec une vaste
distribution, est aujourd'hui morcelé en
une foule de petits genres, composés souvent d'une seule espèce : les Cerambycins,
composés d'environ 70 genres, possèdent en
genres importants les *Clytus*, dont l'Europe
possède un assez grand nombre; les *Trachydè-
res*, propres à l'Amérique du Sud; les *Cerambyx*, essentiellement cosmopolites. Une cinquantaine de genres composent le groupe
des Prionites répandus sur toute la surface du
globe, et dont les régions chaudes des deux
continents, surtout l'Amérique du Sud,
possèdent le plus grand nombre. On n'en
trouve qu'une moins grande quantité dans
les régions tempérées des deux hémisphères.
Les Xylophages, dont les g. Trogossite,
Apate, Paussus, Bostriche, Scolyte, *Hyle-
sinus, Hylurgus, Platypus*, sont les plus

nombreux en espèces, appartiennent à toutes
les régions géographiques; mais les plus
grandes sont de l'Afrique et du nouveau
monde.

Les Curculionites, la dernière section des
Tétramères, forment aujourd'hui une famille très nombreuse en coupes génériques,
et très riche en espèces. On en connaît près
de 10,000. Les g. les plus importants sont
les g. *Cossonus, Calandra, Lixus, Ceuto-
rhynchus, Cryptorhynchus, Otiorhynchus,
Cleonus, Thylacites*, qui sont à la fois cosmopolites et très nombreux en espèces. Les g. *Cy-
phus, Platyomus* et *Naupactus* sont composés d'un grand nombre de formes spécifiques
et appartiennent à l'Amérique du Sud. Le g.
Entimus ne renferme que des espèces exotiques, et la plupart sont américaines. Le
g. *Brachycerus*, très nombreux en espèces,
se trouve surtout dans l'Afrique australe et
sur les bords de la Méditerranée; les Bren-
thes sont répandues dans les parties chaudes
des deux hémisphères. Le g. Apion contient un grand nombre d'espèces propres
surtout à l'Europe, et la plus grande partie
des espèces du g. Rhynchites est des contrées tempérées. Le g. Attélabe, un des plus
nombreux de la section, est répandu partout, mais surtout en Amérique. Le g. An-
thribe et le g. Bruche s'élèvent, dans les
deux hémisphères, de l'équateur aux régions boréales.

La section des Hétéromères se compose
d'un assez grand nombre de genres, dont
les principaux, qui représentent des types
de formes, sont, dans les Trachélytres, les
g. *Epicauta, Rhipiphorus, Meloe, Mordella*,
essentiellement cosmopolites, et des contrées
chaudes et tempérées du globe. Le g. *Lytta* est
un des plus nombreux; il renferme des espèces des parties chaudes des deux hémisphères, et est presque exotique. Les g. *Tetrao-
nyx*, et *Pyrota*, sont exclusivement de l'Amérique méridionale; les Mylabres sont répandus dans toutes les parties de l'ancien continent, excepté en Australie. Le g. *Hycleus* est
presque tout africain; le g. *Anthicus* est nombreux en espèces, et appartient aux contrées
tempérées. On ne trouve pas en Europe
d'espèces du g. *Statyra*, qui est de l'Amérique méridionale et des pays chauds de
l'ancien monde.

Dans la section des Sténélytres, on remarque les g. *Ædenura*, qui est surtout d'Europe; *Omophlo*, des bords de la Méditerranée; *Cistela*, des contrés tempérées; *Lystronychus*, de l'Amérique du Sud; *Allecula*, dont on trouve plusieurs espèces en Europe, et le plus grand nombre dans l'Amérique du Sud Le g. *Helops* est cosmopolite, et les g. *Stenochia*, *Cameria* et *Spheniscus* sont de l'Amérique méridionale.

Les Taxicornes comprennent les g. *Cossyphus*, de tout le globe; *Celibe*, de l'Australie: *Nilio* et *Uloma*, d'Amérique.

Les Mélasomes se composent des g. *Epitragus*, de l'Amérique et de la Russie méridionale; *Nyctobates*, de l'Amérique septentrionale et des Indes orientales; *Pedinus*, de l'Europe méridionale, de l'Afrique septentrionale et australe, et de l'Asie occidentale. Le g. *Asida* se trouve sur les bords de la Méditerranée et en Amérique. Les *Blaps*, très nombreux en espèces, sont de l'Europe méridionale, de la Perse et de tout l'ancien monde. Le g. *Moluris* appartient à l'Amérique méridionale et au Cap; les *Sepidium*, à la Méditerranée et à l'Amérique. Les nombreuses espèces du g. *Tentyria* sont des mers intérieures d'Europe et d'Asie; les *Akis* occupent une même station dans tout l'ancien monde, et sont remplacés en Amérique par les *Nyctelia*. C'est à la partie méridionale du nouveau continent qu'appartient le g. *Praosis*; et le g. *Pimelia*, si nombreux en formes spécifiques, est de l'Europe méridionale et de l'Afrique.

On a formé une section des Pecticornes pour les g. : *Passale*, qui appartient aux parties chaudes de l'ancien monde et de l'Australie; *Eudore*, de l'Afrique et de l'Inde; *Platycerus*, répandu dans les deux hémisphères; et *Lucane*, dont on trouve des représentants dans les parties chaudes et tempérées du globe.

Une des sections les plus nombreuses de l'ordre des Coléoptères et la première des Pentamères est celle des Lamellicornes, dont les g. types sont plus ou moins nombreux en espèces, et dont les coupes génériques nouvelles qui gravitent autour ne sont que des dislocations ou des variations et affectent la distribution géographique suivante. Les Cétoines sont cosmopolites; le g. *Osmoderma*, n'offrant qu'un moindre nombre de formes spécifiques, est de l'Europe tempé-

rée et de l'Amérique septentrionale; le g. *Goliathus* est de l'Afrique méridionale. Les Anthobies habitent le Cap; les *Lepitrix*, l'Amérique méridionale; le g. *Amphicoma*, le littoral méditerranéen; le g. *Glaphyrus*, les parties équatoriales de l'ancien continent. Les g. Phyllophages sont plus nombreux que les précédents, et présentent une vaste distribution géographique. Le g. *Lepisia* est de l'Afrique australe; les g. *Anisoplia* et *Serica*, sont des régions chaudes et tempérées des deux hémisphères; les g. *Euchlorus* et *Rhizotrogus*, avec une même distribution, s'élèvent plus au Nord. Le genre *Hoplia* contient, outre une espèce exotique de l'ancien monde, des espèces européennes. Le g. *Adoretus* habite les parties équatoriales de l'ancien monde; le g. *Melolontha* se trouve partout, et l'Australie possède en propre les g. *Macrotops*, *Diphucephala* et *Anoplognathus*.

La tribu des Xylophages est assez riche en g. à vaste distribution. Les g. *Cyclocephala*, *Rutela*, *Macraspis* et *Megasoma*, ce dernier sous des formes spécifiques moins nombreuses, sont de l'Amérique méridionale; les *Pelidnota*, des deux Amériques; les *Oryctes* sont cosmopolites, et les Scarabées, des régions chaudes du globe et des pays tempérés, mais en moins grand nombre.

Le groupe des Arénicoles ne renferme qu'un petit nombre de g. importants, parmi lesquels on distingue les g. *Bolboceras* et *Geotrupa*, qui sont cosmopolites; le g. *Acanthocerus*, entièrement exotique, appartient aux régions chaudes des deux hémisphères; le g. *Trox* se trouve dans les parties chaudes et tempérées des deux mondes; et le g. *Athyreus*, moins riche en formes spécifiques, est de l'Amérique méridionale.

La dernière section des Lamellicornes, celle des Coprophages, possède un assez grand nombre de formes typiques. Les g. *Oniticellus*, *Copris* et *Cantharis*, sont répandus partout; le dernier est surtout américain. Les g. *Eurysternus* et *Hyboma* sont de l'Amérique du Sud; le g. *Phanæus* est des deux Amériques; le g. *Aphodius*, quoique répandu sur toute la surface du globe, appartient surtout aux pays tempérés. Les *Gymnopleurus*, avec une distribution semblable, sont moins communs dans les régions tempérées. On trouve en Afrique le g. *Pachy-*

soma, dont quelques espèces seulement vivent en Amérique. Le g. *Ateuchus* appartient aux régions chaudes de l'ancien continent et de l'Amérique méridionale.

Les genres aquatiques composant la section des Palpicornes ont pour représentants sur toute la surface du globe les g. *Sphæridium*, *Cœlostoma* et *Hydrophile*. Le g. *Tropisternus* est américain ; le g. *Cercyon*, quoique de l'Afrique et de l'Amérique, se trouve représenté par quelques espèces dans notre climat ; et le g. *Elaphorus* est essentiellement européen.

On trouve dans la famille des Clavicornes que les formes typiques appartiennent surtout aux contrées tempérées. Ainsi, le g. *Elmis* appartient presque entièrement à l'Europe ; les g. *Byrrhus* et *Anthrenus* sont européens ; le genre *Attagenus* est de l'Europe et de l'Afrique, et les *Dermestes* sont des deux hémisphères et de l'Amérique du Nord.

Les Histéroïdes ne renferment que le g. *Hister*, dont les nombreuses espèces sont répandues partout, du Nord au Sud, et se trouvent représentées en Australie, et le g. *Platysoma* appartient aux deux hémisphères.

Il se trouve dans la famille des Nécrophages un grand nombre d'espèces de différents g. typiques qui appartiennent aux régions boréales. Ainsi, les g. *Cryptophagus* et *Strongylus* ont une vaste distribution, et se trouvent jusqu'aux Indes. Le g. *Silpha*, plus nombreux en espèces, a des représentants sur toute la terre, et dans les régions les plus opposées. Il s'en trouve au Brésil, en Cochinchine, au Cap et en Laponie. Les Nécrophores appartiennent aux parties boréales et tempérées des deux hémisphères. Le g. *Scaphidium* est répandu partout, et le g. *Engis*, quoique cosmopolite, est surtout exotique.

Les Malacodermes sont riches en genres appartenant aux parties tempérées du globe. Le g. *Ptinus* est européen ; les *Anobium* sont du Sénégal et du Brésil. Les g. *Trichodes*, *Clerus*, *Dascytes*, de l'Europe, de l'Afrique et de l'Amérique septentrionale. Les *Malachies* appartiennent à toutes les régions du globe, mais ne paraissent pas exister dans l'Amérique du Sud. Les Lucioles sont de l'ancien continent ; les Lampyres d'Europe ont pour représentants exotiques le g.

Photinus, et américains le g. *Aspisoma*. Le g. *Lycus* est cosmopolite ; mais l'on a réservé ce nom pour les espèces africaines, celui de *Calopteron* pour les espèces de l'Amérique méridionale, et celui de *Dyctioptera* pour celles d'Europe. Le g. *Cyphon* est européen, le g. *Rhipicera*, de l'Amérique méridionale et de l'Australie, et le g. *Cebrio* est cosmopolite ; ils se trouvent tous répandus dans l'Amérique boréale.

Les Sternoxes ont pour genres types les *Elater*, cosmopolites, mais moins répandus dans les régions équatoriales ; les g. *Ludius*, qui est plus abondant dans les pays tempérés ; *Pyrophorus*, composé d'espèces exotiques dont beaucoup appartiennent à l'Amérique du Sud ; *Semiotus*, de l'Amérique méridionale ; *Tetralobus*, de l'Océanie et du Sénégal. Les g. *Agrilus* et *Anthaxia* sont européens ; le g. *Eucnemis* appartient à l'Europe et à l'Amérique ; les *Chelonarium* sont de l'Amérique du Sud, et les Buprestes de toutes les régions. Les Sternocires et les *Chrysochoa* sont des parties chaudes des deux continents ; le g. *Capnodis* est de la Méditerranée, et le g. *Stigmodon* de la Nouvelle-Hollande.

Les Brachélytres forment une famille nombreuse dont beaucoup de genres sont européens ; tels sont les g. *Bryaxis*, *Pselaphus*, *Aleochara*, *Tachinus*, *Anthobium*, *Oxytelus*, *Stenus*, etc. Le g. *Scydmenus* monte assez haut dans le Nord. Le g. *Pæderus* est de l'ancien monde et de l'Australie, et une espèce, le *Riparius*, est répandue partout. On trouve sur tous les points du globe le g. *Staphylin*.

Les Hydrocanthares sont également avant tout européens dans leurs formes typiques, mais les Gyrins se trouvent aussi dans l'Amérique méridionale ; le g. *Haliplus* est essentiellement européen ; le g. *Hydroporus*, nombreux en espèces, appartient à l'Europe septentrionale et tempérée. Le g. nombreux des *Colymbetes* appartient à l'Europe, aux Antilles et au Mexique. Le g. *Dytisque* est répandu sur toute la surface de l'ancien continent.

La famille la plus nombreuse en genres est celle des Carnassiers, et dans cette famille, la tribu des Carabiques. On y trouve en genres importants, les g. *Bembidion*, *Elaphrus*, *Leistus*, *Badister*, *Stomis*, *Argutor*, *Pœcilus*, *Dromius*, qui sont d'Europe.

Aux deux hémisphères appartiennent les g. *Chlœnius*, *Agonum*, *Amara* ; les deux derniers genres sont nombreux en formes spécifiques, et ne paraissent se trouver ni en Australie ni dans l'Amérique du Sud. Le genre *Calathus* est dans le même cas. On trouve dans les parties chaudes des deux hémisphères les genres *Barysoma*, *Tetragonolobus*, *Casnonia*. Les genres cosmopolites sont les genres : *Harpalus*, surtout des régions tempérées, *Scarites*, *Lebia*, *Cymindis*, Brachine, tous nombreux en espèces. Les genres de l'ancien monde sont les g. : *Acupalpus*, *Siagona*, qui ne se trouve que dans les parties chaudes de l'ancien continent, et *Agra*. On trouve le g. *Omophron* en Europe et au Cap, *Sphodrus* en Europe et en Asie, *Cnemacanthus* en Afrique et au Chili, *Omesus* en Europe, dans la Sibérie et l'Amérique du Nord, le g. *Dolichus* au Cap et en Europe. Le g. *Anthia* est d'Afrique et d'Asie ; le g. Aptère *Graphilerus*, d'Afrique, et le g. *Catascopus*, d'Afrique, d'Océanie et d'Amérique. Le g. *Helluo* ne renferme que des espèces exotiques de l'Inde, du Sénégal et de l'Australie, et les Galérites sont de l'Amérique du Sud et du Sénégal. Madagascar possède entre autres genres le g. *Eurydera*. Les g. *Agra* et *Cordistes* sont de l'Amérique méridionale.

Les Cicindélètes, la dernière tribu des Coléoptères carnassiers, n'ont pas de caractères propres de distribution géographique. Le g. *Therates* est de l'Afrique australe et de l'Océanie, et les g. : *Colliuris* sont de Java et de l'Inde, *Psilocera* de Madagascar, *Dromica* et *Manticora* du Cap, *Odontocheila* de l'Amérique du Sud, Cicindèle sur tous les points du globe, et *Megacephala* des deux hémisphères, mais surtout de l'Amérique méridionale.

Poissons. On n'a sur les nombreuses espèces qui peuplent les eaux douces et salées que trop peu de renseignements pour qu'une esquisse de la distribution géographique des êtres qui composent cette classe puisse avoir un véritable caractère d'exactitude. La conformité de leur mode d'existence, la facilité de leurs moyens de translation, leur permettent de passer d'un lieu dans un autre sans qu'ils soient, comme les êtres attachés au sol, empêchés par les obstacles que présentent les systèmes orographique et hydrographique. Il ne peut guère être question pour les Poissons de la température du milieu, et pourtant malgré sa plus grande homogénéité, il y a des influences encore très sensibles : car les Poissons des régions tropicales sont ornés des couleurs les plus vives ; et à mesure qu'on remonte vers le Nord, les teintes pâlissent, et l'on ne trouve plus que des Poissons gris, bruns ou blanchâtres. La facilité de l'alimentation est sans doute aussi la cause qui renferme chaque Poisson dans une zône plus ou moins étroite, et force à des migrations ceux qui vivent en troupes. Au reste, les mœurs des Poissons sont si peu connues, que l'on ne peut rien affirmer dans les questions qui touchent à leur existence ; leur histoire fourmille de lacunes, et il n'en est presque aucun dont on connaisse toutes les phases de la vie.

Les eaux douces, courantes ou stagnantes, nourrissent des genres entiers dont la taille est proportionnée à l'étendue du milieu : ainsi, tandis que les ruisseaux et les flaques d'eau sont peuplés d'Epinoches longues à peine de quelques centimètres, les rivières sont habitées par des Poissons de taille supérieure, témoin les Gymnures ; les fleuves sont visités par des Poissons qui atteignent à une grande taille et y remontent des mers, tels que les Esturgeons, les Silures, les Saumons, et les vastes masses d'eau salée contiennent à la fois des Poissons de toute taille. Mais c'est là que se développent les formes les plus gigantesques, telles que les Pèlerins, les Requins, les Raies, les Espadons, les Flétans, les Gades-Morues, les Baudroies, les Anarrhiques, les Thons, etc.

On peut remarquer pour les Poissons ce qui a déjà été signalé pour les Cétacés, et en général pour les Oiseaux marins, c'est que la taille n'est pas le résultat de l'influence du climat, et c'est même sous les latitudes les plus élevées qu'on trouve les formes les plus gigantesques.

Chondroptérygiens. Les Chondroptérygiens, qui forment le premier ordre, ont pour types de forme les g. Lamproie, Raie, Squale et Esturgeon.

Les Lamproies, peu nombreuses en espèces, sont des habitants des eaux douces et des côtes de nos mers d'Europe ; le Gastrobranche est de la mer du Nord, et les Heptatrèmes de la mer du Sud. Les Raies, aussi nombreuses que les Squales et divisées en plusieurs coupes génériques, sont répandues dans toutes les mers ; les Mormyres sont des espèces de la Méditerranée et de l'Océan. On trouve dans la mer Rouge une espèce d'Anacanthe ; les Pastenagues sont répandues dans les mers d'Europe, d'Asie, d'Afrique et d'Amérique ; les Torpilles se trouvent dans les mers de l'Inde et celle de la Chine, et les Rhinobates sont de la Méditerranée, de la mer Rouge et du Brésil.

Les Squales et les groupes qui s'y rattachent se trouvent dans toutes les mers, et celles d'Europe paraissent les plus riches en espèces communes. Les Cestracions sont de la Nouvelle-Hollande, les Grisets de la Méditerranée, et il en existe dans l'océan Indien une forme spécifique particulière.

Les Esturgeons habitent les mers de l'Europe occidentale, de la mer Caspienne, du Danube et de la Méditerranée. Il en existe plusieurs espèces sur les côtes de l'Amérique septentrionale. Le g. Polyodon est du Mississipi, et les Chimères des mers du Nord, mais sous une forme spéciale, des mers australes.

Les deux formes les plus riches en variations spécifiques sont les Balistes et les Plectognathes gymnodontes. Chacun d'eux, divisé en sections, comprend un assez grand nombre d'espèces. Les Triacanthes sont de la mer des Indes, les Alutères, de celles d'Amérique, les Monacanthes d'Amérique, des mers de Chine et du Japon. Les Balistes ont des représentants sur toute la surface du globe. Les Triodons sont de l'océan Indien, les Moles de nos mers et de celles de l'Afrique australe. Les Tétrodons, et les Diodons, nombreux en espèces, sont répandus surtout dans les mers des pays chauds.

Lophobranches. Ce sont de petits Poissons de forme fort singulière, et dont le type de forme est le g. Syngnathe, qui est aussi le plus riche en espèces, et celui qui a la distribution géographique la plus vaste. Les Hippocampes sont de nos mers, et une espèce se trouve sur les côtes de l'Australie ; les Solénostomes et les Pégases sont de l'océan Indien.

Malacoptérygiens. Les Malacoptérygiens apodes ont pour type de forme le g. Anguille. Aux mers d'Europe appartiennent les g. Equille, Leptocéphale et Donzelle, quoique quelques espèces de ce dernier genre appartiennent aux côtes du Brésil

et à celles de la mer du Sud. Le genre *Gymnarchus* est du Nil ; les Gymnotes et leurs divisions, des rivières de l'Amérique du Sud ; le g. Saccopharynx de l'Amérique du Nord. Les divisions Synbranche, Alabès et Monoptère du g. Murène sont des mers tropicales de l'ancien monde. Quant à ce dernier genre, il est répandu partout ainsi que les Anguilles, qu'on trouve sous différentes formes spécifiques dans toutes les mers.

Les Malacoptérygiens subrachiens présentent trois formes : les *Lepadogaster*, les Pleuronectes et les Gades. Les premiers sont répandus dans nos mers et ne comprennent qu'un petit nombre d'espèces ; les Pleuronectes sont répandus dans toutes les mers, et les nôtres en nourrissent un assez grand nombre. Les Flétans du Nord sont les plus grands de tous. La Méditerranée abonde surtout en Pleuronectes, et les Soles possèdent plusieurs espèces étrangères. Les Achires sont des Antilles et des États-Unis.

Les Gades, qui fournissent à nos marchés des poissons fort estimés et se salent pour conserver, sont abondants dans toutes nos mers et s'élèvent, comme les Brosmes, jusque sur les côtes de l'Islande ; le Dorsch est commun dans la Baltique ; la Morue se pêche dans les mers du Nord et sur les côtes de Terre-Neuve. En général, ils sont des mers froides et tempérées.

De tous les Malacoptérygiens, les abdominaux sont les plus abondants en formes génériques et spécifiques. Ils ont pour types morphologiques les Clupes et les Cyprins, divisés en coupes génériques très nombreuses. Quelques uns, tels que les Bichirs, sont des fleuves de l'Afrique septentrionale et méridionale ; les Lépisostées, les Ostéoglosses, les Vastrès, les Amies, les Erythrins, les Hyodons, les Notoptères, vivent dans les eaux douces des contrées tropicales des deux hémisphères. Les Vastrès sont des Erythrins répandus dans toutes les parties du monde. On trouve dans plusieurs mers les genres Chironote, Butirin, Mégalope et les Anchois, dont l'espèce vulgaire abonde surtout dans la Méditerranée. Les Cailleux-Tassarts sont des Harengs d'Amérique et des Indes. Les Aloses sont répandues dans plusieurs climats, et l'on n'estime celle de nos marchés que quand elle remonte dans les rivières. Dans le g. Clupe, les espèces européennes, telles que le Hareng, le Melet et le Pitchard, sont, pour les peuples du littoral de l'Océan, un objet important de pêche. La Sardine se pêche surtout dans la Méditerranée, où le Hareng n'est pas connu ; elle visite néanmoins les côtes de l'Océan. Les Saumons, dont la plupart remontent dans les rivières, sont propres surtout aux mers arctiques. Tels sont les Lavarets, les Ombres, les Loddes, les Eperlans et le Saumon commun. La Truite des Alpes remplit les lacs de Laponie. Ces genres sont représentés dans l'Amérique du Nord par certaines formes spécifiques. Les Argentines sont de la Méditerranée ; les Curimates et les Serra-Salmes, des rivières de l'Amérique méridionale. Les Raiis sont d'Amérique, et l'on en connaît plusieurs espèces d'Afrique. Les Hydrocyns appartiennent aux rivières de la zone torride. Les Citharines sont africaines ; les Saurus, dont une espèce est de la Méditerranée, se trouvent dans les Indes et dans le lac de Tehuantepec. A la Méditerranée appartiennent les g. Scopèle et Aulope. Le g. Sternoptyx est de l'océan Atlantique.

Les Silures sont très répandus dans les rivières des pays chauds, mais pas indistinctement ; les Shals sont de l'Egypte et du Sénégal ; les Hétérobranches se trouvent aussi dans quelques rivières d'Asie ; les Doras et les Callichthes sont de l'Amérique, et les Asprèdes de l'Amérique du Sud. On pêche dans les fleuves d'Asie et de Syrie les Macroptéronotes. Les Plotoses sont des rivières de l'Inde. Le Malaptérure électrique est du Nil. Les Loricaires présentent des formes spéciales dans les rivières de l'Amérique du Sud, et l'on en connaît un grand nombre d'espèces. Les Bagres, qui forment une soixantaine d'espèces, sont des poissons des pays chauds ; on en trouve dans toutes les régions, excepté en Europe et dans l'Amérique du Nord. Les Schilbés sont de l'Egypte et du Bengale ; les Silures, dont une seule espèce, le Saluth, se trouve en Europe, ont leur centre d'habitation en Asie ; il s'en trouve à Java et dans le Nil. La plupart des Pimélodes sont américains, et près de la moitié sont de l'Amérique du Sud.

Les Ésoces ont trois formes typiques principales, les Mormyres, les Exocets et les Brochets. Les premiers sont du Nil et du Sénégal ; les Exocets, de l'Océan, de la Méditerranée et des mers d'Amérique, et la plupart des Brochets sont des mers tempérées des deux hémisphères, excepté les Demi-Becs, qui sont des Esoces des Indes, et en partie de l'Amérique australe. Le genre Brochet proprement dit appartient aux eaux douces.

Les Cyprins ont une physionomie tellement identique qu'il est impossible de les méconnaître ; c'est un des groupes les plus répandus et les plus riches en formes spécifiques ; ils sont des eaux douces courantes et stagnantes, et présentent dans leur mode d'habitation cette particularité, que parmi les Cyprinodons il y en a un qui habite les lacs souterrains d'Autriche. Les Poecilies sont de petits Cyprins vivipares d'Amérique. Les Anableps, également vivipares, sont des rivières de la Guiane. Les Carpes sont répandues dans les parties tempérées et tropicales de l'ancien monde ; on n'en trouve pas en Amérique. Les Barbeaux sont dans le même cas, seulement il en existe deux en Géorgie. Les Goujons sont d'Europe et d'Asie ; les Labéons, de l'Afrique, de l'Asie et de l'Océanie. Les Ables sont répandus partout sous un grand nombre de formes spécifiques. Les Loches, dont nous possédons dans nos eaux douces trois espèces seulement, appartiennent aux régions tropicales de l'ancien monde. Les Catastomes sont tous de l'Amérique du Nord. On ne connaît qu'une seule espèce de Tanche, qui appartient à l'Europe.

Acanthoptérygiens. Les Acanthoptérygiens forment le groupe le plus nombreux de la classe des Poissons, et sont divisés en sections qui répondent à la diversité des types. Les Bouches-en-flûte, comprenant les deux formes Centrisque et Fistulaire, appartiennent aux mers chaudes des deux hémisphères, et, à l'exception d'une espèce du genre Centrisque qui se trouve dans la Méditerranée, ils sont en partie de la mer des Indes.

Les Labroïdes ont pour type une seule forme, avec des dégradations qui ont déterminé l'établissement de coupes génériques nouvelles. Les principales sont les Scares, poissons très riches en espèces, qui appartiennent surtout aux régions tropicales des deux hémisphères, et sont représentés dans l'Amérique du Sud par 20 formes spécifiques. Les Girelles sont dans le même cas. Les Cheilines et les Rasons sont exclusivement de l'ancien monde. Les Labres, plus essentiellement européens, quoique représentés partout, excepté dans l'Amérique du Nord, et les Crénilabres, riches en espèces européennes, ne sont représentés en Asie que par une espèce, et autant dans l'Amérique du Nord ; ils ont des représentants dans les mers du Nord et dans la Méditerranée.

Les Baudroies sont représentées par les formes Baudroie, d'Europe, d'Asie et d'Amérique, Chironecte, qui, comme les Batrachoïdes, est de l'Afrique et de l'Amérique du Sud. On ne trouve qu'une seule Baudroie en Europe et aucune dans l'Amérique septentrionale.

Les Gobioïdes ont pour formes typiques les g. Callionyme, Eléotris, Gobie, Anarrhique et Blennie. La première est de l'ancien monde, et les formes dominantes sont européennes et asiatiques. Le g. Eléotris appartient aux eaux douces des régions chaudes des deux hémisphères. Les Gobies, cosmopolites sous un nombre considérable de formes spécifiques, sont surtout d'Europe, d'Afrique et de l'Amérique du Sud ; quelques uns sont d'eau douce ; quelques petits genres sont essentiellement asiatiques. Les Gonnelles sont des parties septentrionales de l'Asie et de l'Amérique, à l'exception d'un petit nombre d'espèces. On trouve la majeure partie des Clinus dans les mers d'Amérique et dans les Antilles, ainsi qu'au Cap, et une seule espèce représente ce genre en Europe. Les Salarias sont répandus dans toutes les régions et manquent en Europe. Les Blennies sont essentiellement européennes ; il s'en trouve quelques unes dans l'Amérique du Sud et deux en Afrique. Le g. Coméphore est du lac Baïkal ; le g. Tænioïde se trouve dans les étangs, aux Indes.

Les Mugiloïdes, composés d'un nombre considérable d'espèces, sont répandus dans toutes les régions ; mais ils ne s'élèvent pas plus haut que le 47°, et l'on n'en trouve pas dans l'Amérique du Nord. Ils remontent l'embouchure des fleuves.

Le g. Athérine est essentiellement cosmopolite ; mais il appartient surtout aux régions équatoriales.

Les Pharyngiens labyrinthiformes, tels que les Ophicéphales, les Spirobranches,

les Polyacanthes, les Anabas, etc., sont composés de genres exotiques, propres tous aux eaux douces des Indes, be la Chine et des Moluques.

Les Theutyes, qui présentent un petit nombre de formes génériques, se composent d'un grand nombre d'espèces propres aux parties chaudes des deux hémisphères, surtout en Asie et en Océanie ; mais elles sont rares dans les parages de l'Amérique du Sud.

Les Tænioïdes, composés d'un petit nombre d'espèces, sont surtout européens, excepté le g. Trichiure, qui est des mers d'Afrique, des Indes et d'Amérique.

Les Scombéroïdes sont assez nombreux en espèces, et présentent pour types de forme les g. Coryphæne, Stromatée, Zeus, Vomer, Centronote, Espadon et Maquereau. Les Coryphænes sont plus des poissons de la Méditerranée que de l'Océan, où on les rencontre cependant souvent, surtout les Dorades. Les Kurtes sont des Indes, les Stromatées de nos mers, et quelques espèces de l'océan Pacifique, des côtes d'Amérique et de la mer des Indes.

Les Zées sont des poissons qui appartiennent en partie à l'Europe ; mais la section des Equules, la plus riche en espèces, est d'Asie et d'Océanie. Le g. Vomer se compose d'espèces exotiques, dont quelques unes appartiennent aux mers d'Amérique. Les Caranx appartiennent aux mers d'Europe, à l'océan Indien, à l'Egypte et aux parties chaudes des mers d'Amérique. Les Temnodons sont propres aux deux océans, et sont répandus dans toutes les parties du monde, presque sans différence spécifique.

Le g. Notacanthe est de la mer Glaciale, les Rhynchobdelles sont des eaux douces d'Asie. Les Trachinotes appartiennent surtout aux régions chaudes des deux hémisphères, et présentent un assez grand nombre de formes spécifiques. Les Centronotes sont plus particulièrement exotiques ; mais les Liches appartiennent surtout à la Méditerranée. Le g. Espadon, composé d'une espèce, se trouve à la fois dans la Méditerranée et l'Océan. Les Scombres, des genres Tassard, Thon et Maquereau, sont peu riches en formes spécifiques, et se trouvent dans les mers d'Europe, ainsi que dans les régions australes et boréales des deux hémisphères.

Les Archers sont de Java, les Pemphérides de la mer des Indes, et les Casta- gnoles de la Méditerranée et de l'Océan. Les Piméleptères appartiennent aux deux Océans. Les Chétodons de divers noms, tels que les Platax, les Pomacanthes, les Hola- canthes, les *Ephippus* et les Chétodons pro- prement dits, appartiennent aux régions équatoriales des deux hémisphères, et se composent d'un nombre considérable d'es- pèces.

Les Ménides sont répandus dans toutes les mers; les Gerres appartiennent aux par- ties chaudes des deux Océans. Les *Cœsio* sont de la mer des Indes, et l'on trouve dans la Méditerranée des Picarels et des Mendoles.

Les Sparoïdes, qui comprennent sous une huitaine de coupes génériques un assez grand nombre d'espèces, sont répandus dans toutes les mers, et ont leurs représentants dans la Méditerranée et l'Océan. Le g. Pagre est répandu, sous des formes spécifiques différentes, dans la Méditerranée, dans l'o- céan Indien, dans la mer des Antilles, sur les côtes des États-Unis et sur celles du Cap.

Les Poissons de la famille des Sciénoïdes se composent d'un assez grand nombre de genres, dont quelques uns, présentant des formes typiques, tels que les Pomacentres, les Scolopsides, les Diagrammes, les Pristi- pomes, les Gorettes, les Sciènes des diffé- rentes sections, composées d'au moins 80 es- pèces, sont confinés dans les mers équato- riales. On ne trouve dans les mers d'Eu- rope qu'un Corb et un Maigre. L'Amérique du Nord est un peu plus riche que l'Eu- rope; mais l'Amérique du Sud a, outre ses Sciénoïdes répandus partout, des formes qui lui sont propres, telles que les Gorettes, les Micropogons, les Chevaliers, etc.

Les Joues-cuirassées sont encore une fa- mille des plus importantes de l'ordre des Acanthoptérygiens. Elle comprend, parmi les principaux genres, les Épinoches, qui, sous 15 formes spécifiques, appartiennent à l'Europe. Les g. Sébaste, Scorpène, sont répandus, sous un grand nombre de formes spécifiques, dans les mers de l'ancien monde, à l'exception de quelques Scorpènes et d'une espèce de Sébaste de l'Amérique du Sud, et l'on en trouve une des plus grandes espèces dans la mer du Nord. Les Platycéphales

ne se trouvent ni en Europe ni en Amé- rique; ils sont surtout de la mer des Indes. Les Chabots, qui habitent, sous des formes spécifiques différentes, les mers et les ri- vières, appartiennent à l'Europe, à l'Asie et à l'Amérique du Nord. Le g. Dactyloptère, dont on ne connaît que deux espèces, en a une de la Méditerranée, et une de la mer des Indes. Les Trigles, dont moitié appar- tient à l'Europe, se retrouvent dans les In- des sous deux formes spécifiques, et sous quatre à la Nouvelle-Hollande. L'Europe possède en propre dans cette famille le g. Malarmat.

Les Percoïdes, la famille la plus impor- tante de tout l'ordre des Acanthoptérygiens, se composent d'un grand nombre de genres très riches en espèces, tels que les g. Upé- neus, Péries, Thérapons, Cirrhites, Apo- gons, Variole, des régions chaudes de l'an- cien continent. La plupart vivent dans les eaux salées, à l'exception des g. *Pomotis*, des eaux douces d'Amérique; Gremille, Sandre, Apron, Perche, de celles d'Europe et d'Amérique; Ambasse des ruisseaux et des étangs des Indes et de Bourbon; Poly- nème, Holocentre, Myripristis, Priacanthe, Doule, qui se trouvent dans les deux hé- misphères. Les grands genres Mésoprion, Diacope, Plectropome et Serran sont cos- mopolites, sous un nombre très varié de formes spécifiques, surtout le dernier, qui compte plus de 100 espèces. L'Améri- que septentrionale n'a pas de Diacopes ni de Plectropomes; mais, en revanche, elle possède 14 espèces de Mésoprions. L'Europe possède en propre les g. Mulle, Paralépis, Vive et Apron; elle partage avec l'Amérique septentrionale, les g. Sandre et Bar. Le g. Perche est propre surtout aux ré- gions tempérées, et se trouve en Europe et aux États-Unis, sous le plus grand nombre de formes spécifiques.

A l'Amérique appartiennent les g. *Perco- phis*, *Pinguipes*, *Centrarchus*, etc.; et l'Aus- tralie, fort peu connue sous le rapport ich- thyologique, possède en propre les g. Tra- chichtes, Béryx, Helotes, Pélates, Chiro- nème, Énoplose, etc.

Reptiles. Cette classe, divisée en quatre groupes principaux, les Grenouilles, les Serpents, les Lézards et les Tortues, sert de passage aux formes aquatiques, aux formes terrestres, et appartient surtout aux contrées équatoriales.

Batraciens. Ce groupe, qui sert communément de passage aux Poissons, à cause de sa vie aquatique, se compose aujourd'hui d'un grand nombre d'espèces qui pourraient cependant se résumer en les formes Salamandre, Crapaud et Grenouille.

En tête de cet ordre se trouvent les g. Lepidosirène et Sirène, propres à l'Amérique boréale, et qui sont peu nombreux en espèces. Le g. Protée, qu'on ne trouve qu'en Europe, vit dans les lacs souterrains de la Carniole. Les Menobranches, les Amphiumes et les Menopomes sont de l'Amérique du Nord; les Axolotls, de Mexico. Le g. Salamandre, bien plus nombreux en espèces que les précédentes, appartient surtout aux contrées tempérées, et se trouve en Europe et dans l'Amérique du Nord.

Les Crapauds, qui comprennent plusieurs espèces, sont répandus sur toute la surface du globe sous une même forme spécifique. Après les g. Engystome et Phrynisque, qui sont formés de plusieurs espèces, et appartiennent aux régions chaudes des deux continents, les autres ne sont composés que d'une seule espèce. Parmi les genres connus, le g. Dactylèthre est du Cap, et les Pipas sont de l'Amérique du Sud. On ne trouve à la Nouvelle-Hollande qu'une seule espèce du g. Phrynisque.

Les autres g. de Batraciens, quoique répartis avec plus d'égalité que les êtres des autres ordres, sont en partie propres à l'Amérique du Sud; l'Océanie vient après cette région dans l'ordre de richesse. L'Amérique du Nord ne possède qu'un petit nombre de genres, et l'Europe est moins riche encore; mais le nombre des espèces, dans les genres qu'elle possède est plus considérable. Ainsi, sur 20 Grenouilles, elle en possède 12, dont une espèce, la verte, est répandue en Asie et en Afrique. La Rainette, commune dans l'Europe tempérée, se retrouve en Afrique et jusqu'au Japon.

Il n'y a parmi les Batraciens d'autres g. cosmopolites que les g. Grenouille et Cystignate, qu'on trouve en Amérique, en Afrique et en Australie. Les g. Rhinoderme, Dendrobate, Crossodactyle, Hylode, Cycloramphe et Cératophrys, sont de l'Amérique du Sud.

L'Afrique ne possède en propre que le g. Eucnemis. On trouve à Madagascar le g. Polypédate, et cette île partage avec Buenos-Ayres le g. Pyxicéphale.

L'Asie n'est guère plus riche en Batraciens que l'Europe; elle possède néanmoins une Cécilie et un Oxyglosse.

L'Océanie possède les g. Micthyle, Racophore, Lymnodite, Mécalophrys, Epicrium.

L'Australie possède plusieurs formes spécifiques des g. Cystignate, Litorie, Rainette, etc.

Ophidiens. Les régions chaudes, arrosées par des fleuves et de vastes cours d'eau, et protégées contre l'ardeur du soleil par d'immenses forêts, sont la patrie des Ophidiens. Les serpents aquatiques sont tous exotiques. Le g. Hydrophis est de la mer des Indes, et les g. Pélamide et Chersydre, de Java et de Taïti. Les Bongares sont des serpents indiens qui ne se trouvent pas en dehors de l'Asie.

Les Vipères, divisées en plusieurs coupes génériques assez nombreuses en espèces, sont répandues dans toutes les régions, mais surtout dans les pays tropicaux des deux hémisphères. Ainsi le g. *Langara* est de Madagascar; les *Echis* sont indiens; les *Acanthophis*, des régions chaudes du globe avec une partie des espèces de l'Inde; une espèce, le *Brownii*, appartient à la faune australienne; les *Elops* sont des deux continents, et l'espèce la plus commune est de la Guiane. Les Najas sont des vipères de l'Inde et d'Égypte. Les Vipères proprement dites sont répandues dans la plupart des régions du globe, et l'Europe en possède plusieurs espèces, dont une, le *C. Berus*, habite la Suède.

Les Crotales sont des serpents américains répandus sous des formes spécifiques différentes depuis les États Unis jusqu'à la Guiane. Les Trigonocéphales sont de l'Inde, des petites Antilles et du Brésil.

Les Couleuvres, qui forment une des divisions les plus nombreuses du groupe des ophidiens, sont riches en espèces, surtout les exotiques, et elles se trouvent répandues sur toute la surface de l'ancien continent surtout de l'Inde, à laquelle appartiennent les g. *Dryinus*, *Dendrophis*, etc. Le g. Python, le géant de ce groupe, est propre aux îles de la Sonde et à l'Afrique. Le g. Achrocorde est de Java. L'Europe tempérée en possède plusieurs espèces de petite taille.

Les Rouleaux, les Boas, les Eunectes sont de l'Amérique du Sud. On trouve à Madagascar, ainsi qu'au Brésil et à la Guiane, des espèces des g. Xiphosure et Pelophile. Le g. Cylindrophile est de l'Océanie. Une espèce d'Erix est propre à l'Afrique et aux Indes. Le g. Typhlops est d'Asie, d'Océanie et de l'Amérique du Sud. Quelques genres, tel est entre autres le g. Sténostome, sont d'Afrique et de l'Amérique du Sud. A l'Océanie appartiennent les g. Liasis et Nardoa. Le g. Tropidophide est de Cuba ; les g. Platygastre et Morelie, sont de la Nouvelle-Hollande, et Chilabothre est des Antilles.

Sauriens. Les Reptiles de cet ordre se composent aujourd'hui d'un très grand nombre de genres comprenant, pour la plupart, un petit nombre d'espèces. On remarque que les régions équatoriales des deux hémisphères sont la patrie de ces animaux ; car il s'en trouve peu dans les contrées tempérées, et point passé le 50ᵉ degré. Ce n'est pas tant, sans doute, le froid du climat qui s'oppose à la conservation de leur vie, que l'absence de ressources alimentaires.

Les Scincoïdes, divisés aujourd'hui en 83 coupes génériques, comprennent 23 genres n'ayant qu'une seule espèce. A l'exception de l'Orvet, qui se trouve dans l'Europe tempérée, et en même temps en Asie et en Afrique, et du Seps, l'Europe ne possède plus aucune espèce de cette famille, dont la plupart appartiennent à l'Afrique. On ne trouve dans l'Asie que les g. Tropidosaure, Campsodactyle et Évesie, composés d'une seule espèce. Les Philippines possèdent le g. Brachymèle ; Waigiou, un Hétérope, en commun avec l'Afrique. Le g. Abléphare, composé de 4 espèces, est de Taïti, de Java, de Sandwich et de l'Ile de France, mais sous une forme spécifique propre. L'Amérique méridionale a le g. Diploglosse, dont 3 espèces se trouvent dans la partie boréale de ce continent, et le reste des Scincoïdes se trouve dans la Nouvelle-Hollande ; les 3 espèces du g. Cyclode sont de l'Australie.

La famille des Chalcidiens ne comprend, dans le g. Amphisbène, qu'une espèce d'Europe, qui lui est commune avec l'Afrique ; les autres espèces de ce g. se trouvent en Guinée, à Cuba et dans l'Amérique méridio-nale. Le g. Tribolonote est propre à la Nouvelle-Guinée ; le g. Chalcide est du Brésil et de l'Océanie. Les autres genres sont répartis, sans mélange, entre l'Afrique et l'Amérique du Sud, qui ont leurs formes de Chalcides propres.

Les Lacertiens, composés d'un nombre de genres plus considérable, sont assez rigoureusement distribués entre l'Amérique méridionale et l'Afrique. Ainsi les g. Sauvegarde, Améiva, Crocodilure, Centropyx, sont américains ; les g. Érémias, composé de 13 espèces, Acanthodactyle et Scapteire, sont essentiellement africains. On trouve en Asie les g. Tachydrome et Ophiops. L'Europe possède une espèce du g. Tropidosaure (le reste est du Cap et de Java), 7 Lézards, 1 Acanthodactyle, et en propre un Psammodrome. Le g. Lézard est représenté en Afrique par 8 formes spécifiques distinctes.

Les Iguaniens, riches en formes génériques et spécifiques, sont presque tous de l'Amérique du Sud, et quelques espèces sont propres aux parties méridionales de l'Amérique boréale, où l'on trouve en outre certains g., tels que le g. Anolis, qui se compose de 25 espèces. Le g. Proctotrète est du Chili, et le g. Tropidolépide de l'Amérique du Nord. Les g. Basilic et Iguane sont des deux Amériques. Aux Indes et aux Moluques appartiennent les genres Istiure, Galéote, Lophyre et Dragon, dont 6 en Océanie et 2 aux Indes ; et l'Asie possède avec l'Afrique les g. Agame et Phrynocéphale. Le g. Stellion, d'Afrique et d'Arabie, a une espèce qui s'étend jusqu'en Grèce, et le g. Fouette-Queue est répandu en Afrique, en Asie et dans la Nouvelle-Hollande.

Le g. Varan, type de la famille des Varaniens, est répandu sous un petit nombre de formes spécifiques dans les parties chaudes de l'ancien continent et de l'Australie.

Les Geckotiens, peu nombreux en formes génériques, mais assez riches en espèces, appartiennent aux parties équatoriales des deux hémisphères. On en trouve plusieurs espèces en Australie ; mais les deux régions les plus riches sont l'Afrique et l'Amérique du Sud. L'Europe possède un seul Hémidactyle.

Le g. Caméléon, qui se compose de 14 espèces, en a 13 d'Afrique et 1 d'Océanie.

Les Crocodiliens sont divisés en 3 groupes :

les Caïmans appartiennent aux deux Amériques ; le g. Crocodile, à l'Afrique, à l'Asie et à l'Amérique australe ; et le g. Gavial, composé d'une seule espèce, à la presqu'île indienne.

Chéloniens. Les Tortues, les plus élevés d'entre les Reptiles par leur structure, qui les rapproche des Vertébrés à sang chaud, sont peu nombreuses. Si l'on considère chaque groupe formé aux dépens de l'ensemble comme un type de forme, elles présentent quatre types : les Tortues proprement dites, pour les Chersites ; les Emydes, pour les Elodites ; les Gymnopodes, pour les Potamites, et les Chélonées pour les Thalassites.

Les Chélonées sont les plus grandes, et les Tortues de terre les plus petites. En général, comme dans tous les êtres, ceux qui sont destinés à vivre dans l'eau ont les formes les plus amples.

C'est seulement parmi les Tortues d'Europe qu'on en trouve dont la distribution géographique soit plus vaste ou mieux connue, à l'exception d'une espèce du genre Cistude, qui se trouve aux deux extrémités opposées de l'Amérique septentrionale, depuis la baie d'Hudson jusqu'aux Florides.

L'Europe ne possède qu'un très petit nombre de Tortues : encore est-ce seulement dans sa partie méridionale, et elles ne s'élèvent jamais au-dessus des régions tempérées.

L'Afrique est un des pays les plus riches en Chéloniens, quoique la plupart des genres y manquent ; mais les espèces y sont nombreuses, surtout en Tortues de terre. Le g. Cryptopode s'y trouve en commun avec le continent indien, mais sous une forme spécifique particulière. Madagascar a dans sa Faune les deux genres Homopode et Sternothère. La mer qui baigne les côtes d'Afrique nourrit quatre espèces de Chélonées.

L'Asie, outre les genres propres à l'Afrique, possède en propre les g. Tétronyx et Platysterne, et le g. Pyxide, en commun avec l'Océanie. Les Emydes s'y trouvent au nombre de dix espèces, et les Gymnopodes, de cinq.

On ne trouve que peu de Chéloniens dans l'Océanie, qui, sous ce rapport, est moins riche que l'Europe. On y compte trois Cistudes, une Emyde et un Gymnopode

L'Amérique du Sud est la région où l'ordre des Chéloniens se trouve représenté par le plus de formes particulières. Ainsi c'est dans la partie chaude de ce vaste continent que se trouvent les Chélydes, les Chélodines, les Platémydes, dont le Brésil seul possède neuf espèces, les Peltocéphales, les Podocnémides et les Cinosternes, qui lui sont communes avec l'Amérique boréale. La Guadeloupe a dans sa Faune le genre Cinixys sous deux formes spécifiques. Quant aux genres de l'ancien continent, les Tortues et les Chélonées, elles n'y sont représentées que par un petit nombre d'espèces ; les Emydes seules plus nombreuses.

Malgré ses latitudes élevées, l'Amérique boréale, arrosée par de vastes fleuves et possédant de grands lacs, a plus de Chéloniens que l'Afrique, et nourrit en propre les g. Emysaure et Staurotype. Elle possède en commun avec l'ancien continent, mais sous des formes spécifiques différentes, les genres Cistude et Gymnopode, qui ne se trouvent pas dans la partie australe, et c'est là que les Emydes sont les plus nombreuses en formes spécifiques.

L'Australie n'a qu'une Platémyde, qui y représente l'ordre des Chéloniens.

Oiseaux. Les oiseaux, les premiers d'entre les vertébrés à sang chaud, forment une classe aussi nombreuse que variée par son genre de vie et son habitat. Quoique le mode de locomotion naturel aux oiseaux soit le vol, on remarque chez eux deux autres modes de progression, celui des oiseaux, qui établissent le passage des animaux aquatiques aux êtres destinés à franchir l'air à l'aide de leurs ailes, tels sont les Sphénisques, les Manchots, etc. ; et de ceux qui, comme les Autruches, les Nandous, etc., sont destinés à une vie terrestre et forment la transition réelle des oiseaux aux Mammifères. Ils sont répandus par toute la terre ; mais, tandis que les Coureurs, les géants de toute la classe, sont des contrées équatoriales, les Nageurs, qui présentent aussi des formes très développées, appartiennent de préférence aux régions boréales. L'ordre le plus réellement équatorial est celui des Passereaux, qui jette bien des rameaux dans les pays tempérés et septentrionaux, mais ne les montre qu'en passant, puisque la plupart sont de passage. Les Échassiers et les

Rapaces sont plus réellement cosmopolites. Quant aux Gallinacés, ils ne le sont guère que par l'effet de la domesticité.

On compte environ 6,000 espèces d'oiseaux, dont la répartition dans l'ordre de leur importance numérique présente la disposition suivante : les Passereaux, les Palmipèdes, les Échassiers, les Gallinacés, les Oiseaux de proie, les Grimpeurs et les Pigeons. Si l'on forme un ordre des Coureurs, ils sont les derniers de tous. Bien que mieux étudiés que les animaux des autres classes, on ne peut hasarder une statistique sans tomber dans de graves erreurs, par suite de l'incertitude des species.

Palmipèdes. Les Oiseaux nageurs et plongeurs, vivant de Poissons, de Mollusques et d'Insectes aquatiques, ouvrent la série des Oiseaux. La plupart appartiennent aux régions boréales les plus hautes, d'où ils se répandent dans les pays tempérés lorsque la rigueur du froid les chasse de leur demeure d'été. Après les Oiseaux coureurs, les Palmipèdes sont ceux qui ont la taille la plus haute. Les Albatros, les Cygnes, les Oies, les Cormorans, les Pélicans, les Fous, les Sphénisques, les Gorfous sont les géants de l'ordre, et les Sternes, les Rhyncopes, les Sarcelles en sont les pygmées.

Les genres les plus nombreux en espèces qui constituent les types de l'ordre des Palmipèdes sont : les Canards, les Mouettes, les Pétrels, les Cormorans et les Manchots.

La plupart n'ont pas de centre d'habitation déterminé, et l'on trouve parmi eux des groupes cosmopolites ; mais dans chaque genre cette vaste diffusion ne porte que sur un petit nombre d'espèces. Le Fou de Bassan se trouve en Europe, au Cap et dans l'Amérique septentrionale ; le Pétrel de Leach, en Europe et dans l'Amérique ; le *Larus melanocephalos* appartient à l'Europe et à l'Asie ; la *Sterna tschagrava*, à l'Asie et à la Nouvelle-Hollande. L'Oie commune se trouve à la fois dans toute l'Europe et aux Indes. Parmi les Canards, dont nous avons en Europe un grand nombre d'espèces, plusieurs appartiennent aux deux continents. Le Plongeon imbrim est dans le même cas ; le Pélican, dont le centre d'habitation paraît être les Antilles, se trouve à la fois au Pérou et au Bengale. Les Frégates s'étendent des Moluques au Brésil. Le Gorfou habite à la fois les côtes du Cap et les parages des Malouines ; le grand Guillemot, l'Europe septentrionale et les îles aléoutiennes. Les deux espèces du g. Phaeton, quoique confinées dans les régions tropicales, se trouvent en Afrique, à Madagascar, dans l'Inde et dans les îles de l'océan Pacifique. Les Puffins sont répandus dans les mers du Nord et dans celles des tropiques.

L'Europe ne possède en propre que le g. Pingouin, qui représente les Manchots de l'hémisphère austral.

L'Afrique a en commun avec l'Amérique australe les g. Anhinga, Pétrel, Gorfou et Sphénisque ; avec les Indes et l'Océanie, le g. Pélican, qui a même là son centre d'habitation, et en commun le g. Albatros, avec le Japon, la mer des Indes et l'Australie, mais sous une forme spécifique différente.

L'Asie, quoique peu riche en Palmipèdes, a dans sa partie septentrionale (au Kamtschatka et dans les îles aléoutiennes) toutes les espèces du g. Guillemot, et en propre, les g. Synthliboramphe, Starique, Ombrie, Vermirhynque et quelques Canards.

L'Océanie ne nourrit qu'un petit nombre de Palmipèdes, et possède en propre une espèce de Pétrel, deux Sternes, deux Cygnes et plusieurs Canards qui lui sont communs sans doute avec le continent indien.

L'Amérique méridionale ne possède qu'un petit nombre de genres ; mais un assez grand nombre d'espèces qui lui sont propres parmi les g. Cormoran, Mouette, Sterne, Bernache, Cygne, dont un, le Cygne américain, est très répandu dans le Chili et la Plata, et le Harle huppart. Le Rhyncope, dont le Sénégal possède une espèce, existe dans l'Amérique méridionale sous une triple forme spécifique. Le genre Pélécanoïde est propre à cette partie du continent américain, et s'étend du Pérou aux Malouines. Le g. Manchot seul existe à l'extrémité de ce continent.

Les parties septentrionales de l'Amérique boréale sont l'habitation d'été d'un grand nombre de Palmipèdes des genres Canard, Guillemot, Cormoran, Pétrel, Macareux, etc. ; mais elle n'en possède en propre qu'un petit nombre d'espèces.

Si l'on en excepte les g. Hydrobates et Cereopsis, qui sont deux Anas, la Nouvelle-Hollande ne possède que peu de Palmipèdes.

Les formes spécifiques de ces Oiseaux qui lui sont propres sont : le Pélican à lunettes, le *Larus Jamiesonii*, le Canard semi-palmé, le Souchet à oreilles roses, le Petit-Manchot, etc.

Échassiers. Les oiseaux riverains sont plutôt propres aux climats tempérés qu'aux régions tropicales. Presque tous les genres sont représentés en Europe ; et si l'on en excepte l'Amérique méridionale, qui a sa Faune spécifique particulière, les régions brûlantes du globe sont les moins favorisées.

Les plus grands oiseaux de cet ordre sont les Autruches, les Casoars, les Flammants, les Jabirus, les Marabous, les Grues, les Tantales, les Hérons, les Savacous, les Ibis ; et les plus petits, les Giaroles, certains Pluviers, les Alouettes de mer, les Maubêches, les Chevaliers.

On y trouve onze formes typiques : telles sont les Autruches, les Grèbes, les Cigognes, les Grues, les Hérons, les Ibis, les Bécasses, les Chevaliers, les Pluviers, les Rales et les Foulques, autour desquels gravitent comme autant de modifications, les Jabirus, les Ombrettes, les Savacous, les Courlis, les Maubêches, les Combattants, etc.

Les genres propres à l'Europe sont en partie cosmopolites : la Macroule se retrouve en Afrique et en Amérique ; la Poule d'eau commune est répandue dans toutes les régions de l'ancien et du nouveau continent, qui n'a même pas de forme spécifique qui lui soit spéciale. Les Pluviers sont répandus avec égalité sur toute la surface du globe, et le P. doré, un des plus beaux du genre, se trouve partout : le Corlieu et le Tournepierre sont dans le même cas. On remarque que l'Europe a, sous le rapport de sa Faune, d'étroites affinités avec l'Amérique septentrionale. Tels sont le Vanneau squatarole, certains Chevaliers, la Bécasse ponctuée, les Alouettes de mer, les Sanderlings, les Lobipèdes, l'Ibis vert, etc. Les diverses espèces des genres Héron, Cigogne, Grue, etc., lui sont communes, non avec les climats froids, mais avec les parties chaudes de l'ancien continent.

L'Afrique n'a point de caractère spécial sous le rapport des Échassiers, excepté l'Autruche, et ses formes typiques répondent à celles des pays équatoriaux. Elle possède en commun avec l'Asie et l'Océanie, des Rhynchées, des Marabous, les Anthropoïdes, les Dromes ; avec l'Amérique du Sud, les Jabirus, les Héliornes. Les genres qui y sont les plus nombreux sont les Pluviers, les Ibis, les Chevaliers, les Hérons. Madagascar ne possède en propre que la Foulque crêtée et le Jacana à nuque blanche.

L'Asie, qui a pour genres les plus nombreux en espèces, les genres Pluvier, Chevalier, Grue, possède en propre les g. Esacus et Ibidorhynque ; et, parmi les formes spécifiques les plus remarquables, je citerai la Barge aux pieds palmés, qui se trouve dans les Indes et dans l'Australie ; l'Ibis nipon, qui est propre au Japon ; le Tantale Jaunghill, à Ceylan ; et quatre espèces de Grues, trois propres au Japon, et une à la Chine.

L'Océanie a ses Rales, ses Marouettes, ses Crabiers, ses Hérons, son Casoar ; les îles de la Polynésie ont en propre cinq Marouettes, un Pluvier, un Courlis ; le Chevalier aux pieds courts est répandu dans toute l'Océanie, et la Bécasse de Java présente cette particularité qu'elle vit à 7,000 pieds au-dessus de la mer. Cette région possède en commun avec l'Afrique l'*Ardea albicollis*.

La région la plus riche en Échassiers est l'Amérique méridionale, surtout par ses formes spécifiques dans un même genre. Elle possède les espèces les plus nombreuses en Rales, Marouettes, Pluviers, Ibis, Bécasses, Hérons et Grèbes. Certains genres propres aux parties chaudes de l'ancien monde sont répandus sous d'autres formes dans l'Amérique australe : tels sont les g. Porphyrion, Jacana, Rhynchée, Spatule, Échasse, Flammant, Héliorne, Tantale, etc. Peu d'espèces sont communes aux deux parties du nouveau continent ; pourtant l'Huîtrier à manteau et la grande Aigrette se trouvent à la fois au Brésil et aux États-Unis. Le Caurale, le Carium et le Nanders, qui est une Autruche, et le Savacou, sont les seuls Échassiers propres à cette partie du nouveau monde.

Quant à l'Amérique du Nord, elle est riche en formes spécifiques : les genres Marouette, Pluvier, Chevalier, Courlis, y sont représentés par le plus grand nombre d'espèces. Elle possède en commun avec les Antilles et la région australe du nouveau monde le *Totanus flavipes*, le Courlan, etc. ; et en propre l'Holopode et le Leptorhynque.

L'Australie, dont la Faune est moins

riche ou mal connue, n'a pas de genres qui lui soient propres, excepté l'Emeu, qui est un Casoar, et le Burrhin, qui est un OEdicnème. Elle n'a ni Chevaliers, ni Bécasses, ni Combattants, ni Courlis, ni Grues, ni Cigognes, à l'exception d'un Jabiru, ni Flammant. Parmi les Hérons, elle n'a qu'un Bihoreau et un Butor, un Ibis spinicollis, une Maubêche ; mais en revanche, elle possède 10 espèces de Pluviers et 2 Porphyrions.

Gallinacés. Le groupe des Gallinacés, qui représente parmi les oiseaux les formes lourdes et pesantes des Ruminants, ne se compose que d'un petit nombre d'espèces, dont la distribution géographique n'est pas capricieuse comme celle des autres ordres. Beaucoup d'entre eux sont d'une taille élevée et d'un poids considérable ; tels sont les Outardes, les Dindons, les Argus, les Lophophores, les Hoccos, les Pauxis, etc. On ne trouve de cosmopolitisme que dans les genres Tetras, répandu sous ses diverses formes spécifiques du nord de l'Europe, et de l'Amérique jusqu'au Cap, en Nubie, en Abyssinie, en Barbarie et en Perse ; Ganga, qui s'étend de l'Afrique aux Indes, en Espagne et dans les provinces de la Russie méridionale ; et Perdrix, avec ses diverses sections, Francolin, Perdrix et Caille, disséminé sur tous les points du globe, même les régions froides de l'Asie qu'habite le Chourtka ; les Cailles sont les plus répandues ; et si l'on en excepte l'Amérique septentrionale, elles se trouvent représentées dans toutes les Faunes par une forme spécifique particulière, même à la Nouvelle-Galles du Sud, et la Caille commune se trouve à la fois en Europe, au Cap et dans les Indes. Les Outardes sont répandues depuis l'Europe tempérée jusqu'en Asie, au Cap et en Arabie.

L'Europe n'a pas de Gallinacé qui soit propre exclusivement à sa Faune, et elle n'en possède que sept genres.

L'Afrique est après l'Amérique méridionale la région qui possède le plus de Gallinacés : elle est la patrie exclusive des Pintades, et Madagascar possède en propre le g. Mésite. Les g. Ganga, Francolin, Turnix, Outarde, Coureur, y ont leur centre d'habitation, et c'est là que se trouvent le plus grand nombre des espèces.

L'Asie est la patrie des plus brillants Gallinacés. C'est à la Faune de la partie tropicale de cette région qu'appartiennent les Paons, les Éperonniers, les Lophophores, les Plectropèdes qui sont propres au Népaul, les Euplocomes, les Tragopans, la plus grande partie des Faisans, et les Hétéroclites ; mais, à l'exception des Faisans, tous les genres se composent d'un très petit nombre d'espèces.

L'Océanie partage avec l'Asie continentale la plupart des genres précités, et possède en propre, dans la partie de l'archipel indien, l'Argus, qui se trouve pourtant aussi en Chine, les Macartneys, les Roulouls et Mégapodes. C'est à la Faune des grandes îles indiennes qu'appartiennent les diverses espèces du g. Coq. A part les g. Perdrix et Turnix, elle ne renferme aucun autre Gallinacé.

L'Amérique méridionale est riche en Gallinacés ; cette région seule contient le quart des espèces connues, mais les formes y sont revêtues d'un caractère particulier. Les Hoccos, les Pauxis, les Hoccans, les Tocros, les Tinamous, les Nothures, les Eudromies, les Agamis, les Coureurs, les Kamichis, les Alecthélies, les Hoccos, les Yacous, les Mégalonyx, appartiennent à la Faune de ce vaste continent.

L'Amérique du Nord ne possède en propre que son g. Dindon et ses Colins ; encore deux espèces de ce genre se trouvent elles dans la Guiane, et elle partage avec l'Europe le g. Tetras, dont elle nourrit les deux tiers des espèces. Au-delà de ces trois genres, elle ne possède plus aucun Gallinacé.

L'Australie ne possède que deux Cailles, un Mégapode, les genres Talégale et Meaure,

Pigeons. Les Pigeons, répandus sur tout le globe, depuis les régions septentrionales jusqu'à l'équateur sous un petit nombre de formes spécifiques, sont des oiseaux des pays tropicaux. Les contrées chaudes de l'Afrique et de l'Inde, l'Océanie, la Polynésie et l'Amérique du Sud, en nourrissent le plus grand nombre.

On ne trouve pas parmi eux d'oiseaux de grande taille, excepté le Goura, propre à la Nouvelle-Guinée, et qui est le géant de cet ordre. Les Tourterelles sont les plus petites, et n'excèdent pas la taille d'une petite Maubêche.

6

Les espèces européennes sont au nombre de 4 seulement : le Ramier, le Colombin, la Tourterelle et le Bizet : ce dernier est répandu dans tout l'ancien continent, depuis la Norwége jusqu'en Perse.

Les espèces africaines sont propres à cette région seulement, telles sont : la Maillée, la Rieuse, etc., excepté la Colombe à double collier, qui se trouve à la fois au Cap, au Sénégal et dans les Indes ; et les Pigeons Maïtsou et Founingo, qui ne se rencontrent qu'à Madagascar. La Tourterelle peinte est propre à la fois à la Faune de cette île, à celle des îles Mariannes et au continent indien.

Le continent asiatique n'est pas plus riche que l'Afrique, et la plupart se trouvent à la Chine et au Japon : tels sont les Colombes de Siébold et de Kittjiz, le Pigeon violet, la Colombe orientale et la Mordorée.

C'est dans l'Océanie et la Polynésie que se trouvent le plus grand nombre de Pigeons ; et les îles de Taïti, de la Société, des Amis, Sandwich, etc., sont la patrie de plusieurs espèces de la section des Kurukurus, tels que le Poupoukion, le Forster, le Vlouvlou, l'Érythroptère, etc. Un grand nombre d'autres sont répandus sur toute la surface de l'Océanie.

L'Amérique du Sud, la région la plus riche en Pigeons après l'Océanie a des groupes qui lui sont propres, et la Guiane, le Brésil, le Paraguay sont la patrie des sections qu'on a vainement cherché à désigner par des noms particuliers.

L'Amérique du Nord n'a que trois espèces de Pigeons, encore la Colombe voyageuse de l'Ohio descend-elle au Sud jusqu'au Brésil.

Quant à l'Australie, elle possède dans sa Faune un grand nombre de Pigeons, tels que les Colombes macquarie, australe, à collier roux, leucomèle, longup, etc.

Grimpeurs et syndactyles. Les contrées brûlantes des deux hémisphères sont la patrie des oiseaux de cet ordre, qui présentent dans leur distribution une régularité plus grande que la plupart des autres groupes ornithologiques. Il y a des séries entières qui sont propres à certains climats, et y sont étroitement renfermées. Ces oiseaux sont en général d'une taille moyenne ; et les Torcols parmi les Grimpeurs, de même que les Todiers parmi les Syndactyles, peuvent être re-

gardés comme ceux qui sont le moins favorisés sous le rapport de la taille ; les plus grands sont les Calaos, et c'est parmi les grands Grimpeurs que se trouvent ceux dont le bec offre le plus de développement, tels sont les Toncans, les Aracaris, les Momots, les Perroquets. En général, le bec des oiseaux de cet ordre est très développé ; les Barbus, les Pics, les Jacamars, les Martins-Pêcheurs sont dans ce cas.

On ne trouve d'espèces à grande diffusion, parmi les Grimpeurs, que dans le g. le Coucou. Le Coucou commun est répandu dans toutes les parties de l'ancien continent, et il s'élève assez haut dans le Nord. Les autres genres sont plus bornés dans leurs limites géographiques. On trouve entre l'ancien continent et le nouveau, des différences spécifiques très tranchées, des différences génériques qui le sont aussi, et correspondent toujours à des types de l'ancien monde, tels sont les Toucans et les Aracaris, qui sont les représentants des Calaos ; les Taccos et les Guiras, qui répondent à notre genre Coucou : les Jacamars qui sont des Alcyons.

Les types de forme de cet ordre sont : les Calaos, les Perroquets, les Coucous, les Barbus, les Pics, les Guêpiers, les Jacamars, les Martins-Pêcheurs, autour desquels gravitent les formes qui en dérivent.

Nous n'avons en Europe qu'un petit nombre d'oiseaux de cet ordre, et nos types génériques sont : les Coucous, des Pics, une espèce du genre Torcol, un Guêpier et un Martin-Pêcheur, en dehors desquels nous n'avons plus rien.

L'Afrique a en propre ses Tocks et ses Nacibas, ses Coucoupics, ses Barbicans, ses Moqueurs et ses Rhinopomostomes ; les Indicateurs et les Barbions appartiennent presque exclusivement à la Faune africaine, et occupent dans cette région une vaste étendue. Bornéo seul en possède deux espèces. Madagascar est la patrie des Courols, qu'on n'a pas encore trouvés ailleurs, et qui sont des formes assez originales du Coucou. On trouve encore dans cette île deux espèces de Martins-Pêcheurs qui lui sont propres, le Vintsioïdes et le Roux. Le Moqueur du Cap existe au Sénégal, mais sous une forme assez différente pour qu'on en ait fait une variété. On trouve dans l'Afrique occidentale et orientale plus de la moitié des Guêpiers, et dans le genre Coucou, des Chalcites et des Édolios. Les Perroquets y sont représentés par le Jaco et plusieurs Coulacissi, et Madagascar a cinq Perroquets, dont les Vazas et un Mascarin. Le genre Couroucou, propre surtout au nouveau continent et à l'Océanie, y est représenté par la Narina du Cap.

Le continent asiatique possède surtout trois genres : des Perroquets, des Coucous et des Pics. On n'y trouve qu'un Guêpier et trois Martins-Pêcheurs. Les Picumnes sont de l'Himalaya, et l'on trouve au Thibet et dans le Malabar deux Couroucous, et quatre Calaos.

L'Océanie est après l'Amérique méridionale la région la plus riche en Grimpeurs et en Syndactyles. On y trouve un grand nombre d'espèces du g. Calao, répandues dans les îles de Sumatra, Java, Bornéo, les Philippines, etc. Ces mêmes localités sont la patrie de plusieurs Couroucous et des Cacotoës, des Aras à trompe, des Loris, des Psittacules, des Malcohas et des Barbus. On y trouve un grand nombre de Pics, plusieurs Guêpiers, Martins-Chasseurs et Pêcheurs. C'est là que se trouvent la moitié des espèces du g. Ceyx. L'île de Sumatra est la la patrie du g. Alcémérops.

La région la plus riche en oiseaux de cet ordre et celle qui présente sous ce rapport la physionomie la plus originale est l'Amérique du Sud, qui est la patrie des Toucans, des Aracaris, des Anis, dont quelques uns se trouvent également au Mexique, des Momots, des Tamatias, des Barbuseries, des Picucules, des Jacamars et des Todiers. Parmi les g. qui lui sont communs avec d'autres régions, il y a les Pics, les Torcols et les Perroquets, qui sont les plus nombreux. Ces derniers, qui forment près d'un quart de la Faune des Zygodactyles, sont : les Aras, les Araras, les Amazones, les Touits, les Caïcas, les Tavouans et les Aratingas. La moitié des espèces du genre Coua est propre à ce continent. Le genre Coucou y est représenté par les Taccos et les Guiras.

Si l'on en excepte plusieurs Pics et deux Couas, le petit nombre d'espèces propres à cette région appartient au Mexique, et présente des formes spécifiques dont le centre d'habitation est l'Amérique du Sud.

Les Perroquets banksiens, les Perruches australes, ingambes et laticaudes, plusieurs Coucals et Coucous, des Martins chasseurs, un Calao, un Choucalcyon, appartiennent à la Nouvelle-Hollande. Les genres Pic et Guêpier y sont représentés par une seule espèce.

Passereaux. Ce groupe, un des plus nombreux de la classe des oiseaux, se compose d'êtres variés qui répètent les formes des autres ordres. On remarque chez eux des oiseaux qui, comme les Pies-Grièches, vivent de proie vivante dans leur propre espèce; d'autres sont purement insectivores, et le nombre en est d'autant plus grand que les régions qu'ils habitent sont plus propres à l'éclosion des êtres qui leur servent de pâture; certains groupes, se rapprochant déjà des climats tempérés, mêlent à leur nourriture animale des baies et des graines. A ce groupe succèdent les Granivores purs, puis enfin des Omnivores, qui vivent de proie morte ou vive, de baies, de fruits et de graines. Ils sont répandus sur tous les points du globe et s'élèvent jusqu'aux régions boréales les plus rapprochées du pôle ; mais leur centre véritable d'habitation est les régions tropicales : aussi est-ce surtout dans l'Amérique tropicale et dans les parties équatoriales de l'ancien continent que se trouvent le plus grand nombre de Passereaux.

On ne trouve pas dans les oiseaux de cet ordre des migrateurs seulement parmi les Insectivores qui forment le fond de la Faune des pays tempérés, mais aussi parmi les Granivores.

Les vrais Passereaux sont en général de taille moyenne, et les groupes dont la taille est la plus développée sont les Corbeaux, les Rolliers, les Caciques, les Choucaris, les Coracines, les Céphaloptères, les Gymnodères, les Glaucopes, les Epimaques, les Merles, les Brèves, les Ibijaus, les Podarges ; puis on descend par les Drongos, les Colious, les Pies-Grièches, les Tyrans, les Alouettes, aux Tangaras, aux Moineaux, et l'on arrive aux infiniment petits, tels que les Manakins, les Sucriers, les Guit-guits, les Traquets, les Roitelets et les Colibris, les derniers de l'échelle.

Malgré la multiplicité des genres, il n'y a dans cet ordre qu'un petit nombre de groupes typiques ; ce sont : les Alouettes, les Moineaux, les Gobe-Mouches, les Pies-

Grièches, les Corbeaux, les Tangaras, les Merles, les Sylvies, les Troupiales, les Colibris, les Souimangas, les Engoulevents et les Hirondelles. Ces groupes types sont les plus nombreux en espèces et ceux qui présentent dans le même groupe les variations les plus nombreuses pour passer à d'autres genres. Le plus souvent, il est impossible de fixer les limites précises des groupes, tant le jeu des formes y présente de modifications; et ces variations ne portent pas seulement sur la coloration, la taille, certains ornements accidentels, mais sur les caractères essentiels, tels que le bec, les pieds, les ongles, les ailes, la forme de la queue, etc.

Chaque contrée a sa Faune ornithologique représentée par des oiseaux de tous les ordres; et l'Europe, la plus pauvre de toutes les régions, possède sa part dans la répartition des Passereaux.

On connaît environ 3,000 Passereaux, ce qui fait moitié de ce qu'on possède d'oiseaux de tous les ordres. En tête se trouve, dans l'ordre de la richesse de la Faune, l'Amérique méridionale, qui en compte plus de mille; après viennent l'Afrique, qui en a le tiers, l'Océanie, l'Inde, puis l'Europe, l'Amérique du Nord et la Nouvelle-Hollande.

Les genres les plus nombreux sont ceux que j'ai cités plus haut comme représentant les types fondamentaux. Ainsi l'on compte plus de 140 espèces de Tangaras, autant au moins de Gobe-Mouches, près de 80 Pies-Grièches, une centaine de Merles, plus de 250 Colibris, 100 espèces de Fauvettes, etc. Si nous réunissons en un seul groupe tous les oiseaux qui se rapportent au genre Moineau et doivent s'y rattacher, on peut en porter le nombre à près de 300.

Les oiseaux cosmopolites sont nombreux, ce qui s'explique assez par la facilité des moyens de locomotion dont sont doués les Passereaux. Ainsi, parmi les Alouettes, l'Alouette commune se trouve en Europe, en Asie et en Afrique; la Variable, en Sibérie et dans l'Europe septentrionale; celle à ceinture noire, dans l'Amérique boréale, dans l'Asie septentrionale et en France; les Calandres et les Farlouzes ont une distribution géographique également étendue; les Plectrophanes sont les représentants de ce genre dans les contrées les plus froides, et

l'on en trouve en Laponie, au Spitzberg, à Terre-Neuve, au Groënland, etc. Dans le genre Moineau, celui dit d'Espagne, se trouve en Égypte et aux Moluques. Les Pies, les Corbeaux, les Corneilles, sont à la fois d'Europe et de l'Amérique septentrionale; le Troglodyte est dans le même cas. Le Loriot appartient à la Faune de l'Europe centrale et de l'Inde. La Grive est d'Europe et des États-Unis. Plusieurs espèces de Fauvettes, telles que l'Effarvatte, la Bretonne, à tête noire et à lunettes, sont à la fois de France et des climats chauds de l'Afrique et de l'Asie, ainsi que de l'Amérique.

L'Europe, dont la Faune ne comporte guère que le quart des genres de Passereaux et les Becs-fins, n'a de formes spécifiques nombreuses que les Fauvettes, les Accenteurs, les Corbeaux, les Moineaux, les Mésanges; encore beaucoup des espèces qu'elle possède sont-elles propres à d'autres régions; elle paraît avoir dans sa Faune spéciale les genres Remiz, Moustache, Megistine, propres à la Norvège, Casse-Noix, Choquard, Crave, Grimpeur, Tichodrome.

L'Afrique, explorée par des voyageurs zélés, est riche en Sénégalis, Tisserins, Gobe-mouches, Pies-Grièches, Souimangas, Merles et Traquets. Elle partage avec l'Inde le Sirli, le *Lanius capensis*, la Huppe petite, etc., et possède en propre les g. Coliou, Amadina, Commandeur, Alecto, Goniaphée, Crinon, Bagadais, Corbivau, Cravuppe et Piquebœuf. Mais la plupart de ses formes spécifiques lui appartiennent en propre : seulement leur distribution géographique est étendue dans le même continent. C'est ainsi qu'on trouve un Brachonyx en Nubie et au Sénégal, des Moucherolles, des Corbeaux, des Souïmangas, des Merles, qui sont à la fois du Cap et du Sénégal. Malgré la distance, la Faune africaine a, en commun avec l'Ile de France, le *Lanius rufiventer;* le Pomatorhin des montagnes se trouve à la fois dans l'Ile de France et à Java, ce qui est assez commun à ce groupe d'îles, africaines par leur voisinage et indiennes par leur Faune. L'Ile de Madagascar est la patrie d'un Amadina, de plusieurs Pies-Grièches, du Rolle violet, d'un Vanga, etc.

L'Asie, moins riche que l'Afrique, est pourtant dans le même système ornithologique, et l'on y trouve les mêmes formes quoique sa Faune se rapproche plus de celle de l'Océanie. Les genres dominants sont les Gobe-Mouches, les Moineaux, les Pies-Grièches, les Martins, les Merles et les Sylvies. Ce continent possède en commun avec l'Afrique, une espèce de genre Sirli, un Megalotis, un Argye, le Martin triste, etc.; avec l'Océanie, les Alouettes Mirafres, le *Parus atriceps*, les *Lanius melanotis*, *mindanensis*, des Corbeaux, les Merles dominicains, les *Temnures*, un *Timalie*, un *Jœra*, etc. Les genres qui lui sont propres sont les genres Dolichonyx, Sylvipare, Grimpic, etc.

L'Océanie est la patrie des oiseaux les plus brillants de l'ancien continent: moins riche en Alouettes que l'Asie, elle possède parmi les genres nombreux en espèces, les genres Lonchure, Padda, Drongo, Langrayen, Gobe-Mouche, Échenilleur, Dicée, qu'elle partage avec l'Australie, Souïmanga, dont elle possède autant d'espèces que l'Afrique, Merle, Traquet, etc. Sa Faune se rapproche sur quelques points de celle de l'Australie, et a, de commun avec l'Amérique méridionale, les Grallaries, les Fourmiliers, etc. Elle possède en propre un grand nombre de genres tels que les Psittacins, les genres Énicure, Irène, Mino, Mainate, Pirolle, dont une espèce lui est commune avec le Bengale et la Chine, Sphécotère, Myophone, Phonygame, Temia, Paradisier, Gymnocorve, Falcinelle, etc. Le centre d'habitation des Epimaques est la Nouvelle-Guinée, dont une espèce se trouve à la Nouvelle-Galles du Sud; le genre Tataré se trouve à Taïti; c'est à Java que se trouvent les Dicées, qui s'irradient dans les Indes et en Australie; le genre Héorotaire habite la Polynésie; c'est à Bornéo et à Manille que se trouvent les Brèves. La Salangane se trouve dans les Indes et, sous des formes différentes, à Van-Diémen, aux Malouines et à Bourbon. Java est la patrie du Timalie coiffé, du Séricule orangé, du Vanga-Longup, du Martin huppé, des Verdiers, des Stournes, des Podarges, des Rupicoles, des Érolles, Eurylaimes, etc.

De toutes les régions zoologiques, l'Amérique méridionale est la plus riche en Passereaux, dont elle possède au moins moitié. Les formes y sont presque toutes originales, et à l'exception des Alouettes, des Farlouses, des Bouvreuils, des Moineaux, des Gobe-Mouches, des Pies, des Merles, des Sylvies et des Etourneaux, des Engoulevents et des Hirondelles, la Faune a plus de similitude avec l'Amérique boréale qu'avec les autres points du globe. Les genres qui sont particuliers à la Faune sont les Tangaras, dont une vingtaine seulement se trouvent dans l'Amérique septentrionale, les Pityles, les Phytotomes, les Chipius, les Manakins, les Tyrans, les Bécardes, les Manikups, les Cotingas, les Averanos, les Arapongas, les Coracines, les Gymnocéphales, les Piauhaus, les Tijucas, les Picucules, les Fourniers, les Guit-Guits, les Colibris, les Grallaries, les Ibijaus, les Caciques, les Troupiales, etc.

L'Amérique du Nord, européenne par ses formes zoologiques, possède en commun avec l'Europe des Plectrophanes, des Brachonyx, des Loxies, et plusieurs sections du groupe des Fringilles, des Corbeaux, des Engoulevents, des Troglodytes, des Merles et des Sylvies. Le climat de la partie de ce continent qui avoisine le golfe du Mexique, lui donne une grande similitude avec l'Amérique méridionale. Les Tangaras, quoique appartenant à la partie chaude de cette région, remontent jusqu'aux États-Unis; les Touits sont des États-Unis et du Mexique. Les Guiracas y ont leur centre d'habitation; sur une trentaine de Passerines, vingt appartiennent aux États-Unis et remontent jusqu'à la baie d'Hudson; les Paroares, les Chondestes, les Ammodromes, plusieurs Gobe-Mouches, appartiennent à la Faune de ce continent; parmi les Colibris, le Sasin appartient à la Californie, le Petit-Rubis aux Florides, et plusieurs autres au Mexique. Les Grives-Moqueurs sont de l'Amérique boréale; plusieurs Sylvies appartiennent aux parties chaudes de ce continent, qui possède aussi plusieurs espèces de Troupiales.

L'Australie a une Faune ornithologique des plus variées, quoique les formes spécifiques n'y soient guère plus nombreuses qu'en Europe; mais elle présente des points communs avec notre continent, et a le plus d'affinités avec l'Océanie qu'avec toute autre région. Les formes qui lui sont propres sont assez originales pour qu'on ait multiplié à leurs dépens les coupes génériques.

Elle ne possède guère de genres nombreux en espèces, si ce n'est parmi les Gobe-Mouches, les Merles et les Philédons. Les formes des Alaudinées sont surtout les Farlouzes, et l'on y trouve en commun avec la Nouvelle-Zélande une espèce du g. Mirafre, où l'on rencontre aussi une espèce de la section des Moineaux, le *Fringilla albicilla ;* les Sénégalis y sont représentés par les Weebons ; les Colious, par les Amytis. Les Kobos y représentent les Tangaras, les Pardadotes, qui sont en tout au nombre de neuf espèces, réparties entre les parties tropicales des deux hémisphères, comptent cinq espèces en Australie. Les Pachycéphales remplacent les Manakins ; les Gobe-Mouches et les Moucherolles y sont très répandus, et parmi les Fissirostres, on trouve, dans la Nouvelle-Hollande, deux Podarques et plusieurs espèces d'Engoulevents, un entre autres à longues jambes, dont on a formé le g. Ægothèle. Les Pies-Grièches qui s'y trouvent ont une physionomie assez particulière pour avoir donné naissance aux g. Colluricincle et Falconelle. Les Cassicans, propres à la Nouvelle-Guinée, se retrouvent à la Nouvelle-Hollande ; il en est de même du Séricule Prince-Régent et des Epimaques. Le Dicée à plastron noir est d'Australie, et les autres espèces, de l'Inde et des îles de la Sonde. Cette région possède, avec l'Afrique, l'Asie et l'Océanie, le g. Souïmanga. Plusieurs espèces de Tropidorhynques qui se trouvent dans toutes les îles de l'archipel Indien, les Loriots, les Merles, les Traquets et tous les Becs-Fins, y comptent plusieurs représentants. Il en est de même des genres Troupiale, Étourneau. On a formé le g. Créadion avec le Troupiale de la Nouvelle-Zélande.

Les genres propres à cette région, outre ceux déjà nommés, sont les g. Manorine, Kitte, Réveilleur, Corbicrave, Onguiculé, Picchion et Gralline ; mais les genres de Passereaux y sont peu nombreux, et ne sont représentés que par des formes qui rappellent les grands types sans en reproduire la variété des jeux.

Oiseaux de proie. — Diurnes. Les Oiseaux qui vivent de proie vivante ou d'animaux morts sont répartis sur toute la surface du globe avec une sorte d'égalité, proportionnelle plutôt à l'intensité du développement de la vie animale qu'à l'étendue des continents.

Les Faucons et les Aigles ont des représentants sur toute la surface de la terre, et présentent toutes les variations de taille depuis celle de l'Aigle, du Pygargue et du Gypaëte, jusqu'à celle de la Cresserellette et du Faucon-Moineau. Chaque continent a des genres qui lui sont propres ; mais certaines espèces sont réellement cosmopolites. L'Aigle commun se trouve à la fois en Europe et en Amérique ; l'Aigle impérial habite l'Europe et l'Afrique ; l'Aigle botté est répandu en Asie. Le Blagre, dont la patrie est l'Afrique, se trouve jusque dans l'Océanie et la Nouvelle-Hollande. Le Balbuzard est répandu depuis l'Europe jusque dans l'Australie. Le Milan noir est à la fois d'Europe, d'Asie et d'Océanie. Les oiseaux de cet ordre n'ont pas de zône fixe, et même ils semblent se soustraire à la loi de la dégradation de la taille suivant les latitudes : car le Gerfaut, le plus grand des Faucons, habite la Norvége et l'Islande, et la Cresserellette se trouve en Europe, en Perse, au Bengale et en Afrique. L'Europe et l'ancien continent n'ont pas de Rapaces qui leur soient propres, si l'on en excepte le genre Gymnogène, qui est de Madagascar, les Spizasturs de l'Asie, les Hierax de la Sonde ; encore ces petits genres sont-ils de simples sections des genres Épervier, Autour et Faucon. Quant au Nouveau-Monde, il est riche en formes spéciales dans sa partie méridionale : les Rancanas, les Phalcobènes, les Caracaras, les Urubitingas, les Cymindis, les Rosthrames, les Diodons, etc., appartiennent au Brésil, à la Guiane, à la Plata, etc.

Les Vautours, moins nombreux en genres et en espèces, ont une distribution géographique assez étendue. Le g. Vautour proprement dit a sa forme spécifique Arrian en Europe et en Égypte ; le Griffon, se trouve dans ces deux parties du monde et dans les Indes ; le Percnoptère se trouve en Norvége, en Espagne, en Arabie, aux Indes et au Cap. Le Gypaëte des Alpes est représenté dans l'Himalaya par le Vautour barbu.

L'Amérique du Sud n'a pas un seul Vautour d'Europe ; les Sarcoramphes et les Cathartes en habitent les parties chaudes ; les premiers habitent les Andes et sont répandus jusqu'au Mexique. L'Amérique du Nord n'a pas d'autre Vautour que celui de Californie, et la Nouvelle-Hollande n'a pas un seul Vautour.

Rapaces nocturnes. Les Oiseaux de nuit suivent la même loi dans leur distribution géographique. Les espèces du Nord sont encore les plus grandes. La Chouette-Harfang se trouve dans le nord de l'Europe, aux Orcades et à Terre-Neuve, et sa taille est égale à celle du Grand-Duc, qui est un oiseau de l'Europe tempérée. Les Chevêches sont répandues de l'Europe en Afrique ; la Chouette se trouve chez nous, au Cap, aux Indes, aux îles Sandwich et en Amérique. Le *Strix brachyotos*, dont le centre d'habitation est l'Égypte, se trouve en Sicile. Le g. Effraye est répandu partout, et ses formes spécifiques particulières sont peu variées. On trouve dans l'Australie des espèces des g. Surnie, Chevèche, Chevêchette, etc. Le Nouveau-Monde n'a en propre, outre les g. qui lui sont communs avec l'Europe, que la Chouette nudipède, et l'Océanie les Phodiles.

Mammifères. Considérés dans l'ordre de leur importance, les Mammifères sont les êtres les plus élevés de la série, et c'est par eux qu'il convient de clore la statistique des animaux. Doués d'une organisation plus riche et plus complète que les êtres qui sont au-dessus d'eux, ils réunissent tous les attributs qui établissent la supériorité organique. Leur mode de vie, à part les exceptions peu nombreuses que j'ai énumérées plus haut, est essentiellement terrestre, et leur habitat est limité. On ne voit, malgré la facilité des moyens de locomotion dont ils sont doués, aucun d'eux changer de climat comme les oiseaux. Ils sont tous attachés au sol par des conditions d'existence plus impérieuses, et tout changement de région est pour un Mammifère un coup mortel. Enfermés comme l'Hippopotame, l'Éléphant, le Lion, le Tigre, etc., dans des zônes très circonscrites, ils ne peuvent se livrer à des migrations qui exigent les moyens de traverser des cours d'eau, ou de franchir des chaînes de montagnes dont chaque étage offre un climat différent. C'est donc parmi les êtres de cette classe attachés indélébilement au sol, qu'il faut étudier les grandes lois qui régissent la distribution des êtres et la modification des formes. C'est parmi eux que se trouvent les géants de

l'organisme ; et comme pour les autres animaux, c'est dans le milieu liquide que se trouvent les formes les plus développées.

L'habitat des Mammifères étant plus étroitement limité que celui des autres animaux, il en résulte que chaque zone a ses animaux propres, et qu'à l'exception d'un petit nombre, tels que certains Rongeurs, quelques Ruminants, de petits Insectivores, et des Carnassiers de toutes les familles qui sont répandus sur toute la surface du globe, soit sous une seule et même forme, soit comme avec des représentants spécifiques, on trouve pour des ordres entiers des zones d'habitation qu'ils ne franchissent jamais, et au-delà desquelles ils disparaissent complétement ; c'est aussi parmi eux que se trouvent pour chaque région zoologique les formes les plus en harmonie avec les lois de corrélation, et les rapports absolus de taille avec l'étendue des continents, dont chaque population répond pour la forme générale et la valeur zoologique aux êtres répandus dans les autres régions du globe.

Cétacés. L'histoire des Mammifères marins est peu connue, et la plupart des faits relatifs à la cétologie demandent à être confirmés. Comme pour les êtres des autres classes, les Cétacés des mers d'Europe sont les plus nombreux et les mieux connus. Les plus grands animaux de cet ordre sont réfugiés aux deux extrémités opposées du monde, et l'on n'en peut citer qu'un seul qui soit cosmopolite dans toute l'acception du mot : c'est le Cachalot, qui se trouve à la fois dans les mers de l'Europe tempérée, à Madagascar, à la mer des Indes, au Japon, dans les parages des Moluques, sur les côtes du Pérou, au Groënland et à la Nouvelle-Hollande, sans qu'on remarque de différence dans la forme et la couleur, enfin avec l'unité spécifique la plus étroite. Malgré la prédilection de ces grands Mammifères pour les hautes latitudes, plusieurs genres aiment les mers les plus chaudes du globe. Le Lamantin se trouve sous trois formes spécifiques au Sénégal, aux Antilles, sur les côtes de l'Amérique méridionale et sur celles des Florides. Le Dugong est propre à l'archipel Indien, deux espèces de Delphinorhynques, appartiennent à Java et Bornéo et au Brésil ; deux espèces du g. Dauphin se trouvent, l'une dans les mers du Cap, l'autre dans celles du Chili. On trouve au Cap un Rorqual et une Baleine, et les eaux du Gange nourrissent le Sousous, qui a pour représentant, dans les chaudes rivières de Bolivie, l'Inia. Quelques Cétacés remontent aussi les fleuves, et s'avancent quelquefois très loin. Le Beluga, qui habite la baie d'Hudson, est dans ce cas; l'Épaulard, dont le centre d'habitation est les mers glacées du Spitzberg, du Groënland et du détroit de Davis, apparaît à l'embouchure de la Loire et de la Tamise. Il en est de ces animaux comme de tous les êtres marins qui se trouvent sous les hautes latitudes boréales: c'est qu'ils se rencontrent à la fois dans la mer du Nord et sur les côtes septentrionales d'Amérique. Le Rorqual du Nord se trouve sur les côtes d'Écosse et de Norvége, et dans l'océan Glacial, près de l'Islande, du Spitzberg et du Groënland Le Beluga se voit sur les côtes du Kamtschatka et dans la baie d'Hudson. Si l'on en excepte le Delphinoptère de Péron, qui se trouve dans les parages des Malouines, dans le détroit de Magellan et sur les côtes de la Nouvelle Guinée, les mers de l'Australie nourrissent des espèces qui leur sont propres, et la Nouvelle-Galles du Sud nourrit en propre l'Oxyptère. Les Cétacés exclusivement propres aux mers d'Europe sont les Diodons, les Hyperodons, et les Globicéphales: généralement les espèces de la Méditerranée ne se trouvent pas dans l'Océan, excepté le Dauphin commun et le Marsouin. On remarque dans le genre Baleine que celle du nord ne descend jamais vers le sud plus bas que les côtes du Jutland, tandis que celle du sud se trouve jusqu'au Cap. Les mers du Kamtschatka et du Japon nourrissent plusieurs espèces de Baleines, de Cachalots, de Balcinoptères, etc., encore trop peu connus pour qu'on ait pu les classer, et qui ont été décrites sur des dessins ou des figures grossières. On peut donc dire sous ce rapport que tout est encore à faire en cétologie; aussi la statistique des animaux de cet ordre n'est-elle rien moins que certaine.

Ruminants. Les Ruminants ont pour centre d'habitation les parties chaudes de l'Afrique, de l'Asie et de l'Océanie. Les Cerfs et les Bœufs appartiennent surtout à l'Asie, et les Antilopes à l'Afrique australe et occidentale. Certaines espèces se trouvent à la fois en Asie et en Europe: tels sont le Saïga et le Chamois; ce dernier est représenté en Perse par une simple variété. L'Amérique du Sud n'a pas une seule Antilope; l'Amérique du Nord en a cinq, les Antilocapres et les Aplocères. On ne trouve à Sumatra et à Célèbes que deux espèces d'Antilopes, celles désignées sous les noms de Nemorhèdes et d'Anoa. Les Cerfs, dont une seule espèce identique à celle d'Europe se trouve dans l'Afrique septentrionale, ont pour habitat spécial l'Asie tempérée, et plusieurs habitent les grandes îles de l'archipel indien. Les parties chaudes de l'Amérique en possèdent plusieurs, et l'Amérique du Nord en compte 7 espèces, 3 Cerfs et 4 Mazames. Les Chèvres, les Moutons et les Bœufs sont représentés partout, excepté en Australie, où l'on ne trouve aucun Ruminant. Le Paseng se trouve à la fois en Europe, en Asie, et dans l'Amérique du Nord; les Mouflons habitent sous des formes spécifiques différentes l'Europe, l'Afrique, la Sibérie et le Canada; ce sont, avec les Cerfs, les Ruminants qui s'élèvent aux latitudes les plus froides. Une espèce, l'*Ovis nivicollis*, se trouve au Kamtschatka, et l'Argali est un habitant des froides montagnes de la Sibérie. Les Bœufs aiment des régions plus chaudes, et plus des trois quarts des espèces connues appartiennent à l'Inde, au pays des Birmans, à l'archipel Indien, au Cap et à l'Amérique méridionale. L'Aurochs, l'espèce la plus septentrionale, et qui habite encore les forêts profondes de la Lithuanie, est représentée dans le nord de l'Amérique par le Bison. Cette région possède en propre le Bœuf musqué. De tous les Ruminants, les Élans et les Rennes sont ceux qui habitent les régions les plus froides.

Le Dromadaire ne vit que dans les contrées méridionales, et il appartient à l'ancien continent. Cet animal paraît néanmoins d'origine asiatique comme le Chameau, et ce n'est que par le fait d'une acclimatation qu'il est venu faire partie de la Faune africaine. Il est représenté dans l'Amérique du Sud par les espèces du g. Llama. La Girafe est un des êtres les plus caractéristiques de la Faune de l'Afrique australe, et son habitat paraît très borné.

Pachydermes. Cet ordre, qui renferme les Mammifères terrestres de la plus haute, taille, a pour centre d'habitation les parties les plus chaudes des deux continents. On trouve en Asie, en Afrique et dans l'Océanie des formes correspondantes : ainsi les Éléphants sont propres à l'Afrique, aux Indes et aux îles de l'archipel Indien ; le Rhinocéros est dans le même cas, il est propre aux trois mêmes régions. Le Nouveau-Monde n'a aucun représentant de ces grands animaux, si ce n'est le Tapir, qui a des formes éléphantoïdes, et qui n'est pas seulement propre à l'Amérique du Sud, mais encore à Sumatra et à la presqu'île de Malacca. Le Daman est un animal d'Afrique, et l'espèce syrienne peut être regardée comme appartenant pour la forme au continent africain. L'Europe n'a pas d'autre pachyderme que le Sanglier, animal de l'Ancien-Monde, qui se retrouve en Asie sous a même forme spécifique, et qui est représenté à Madagascar par le Cheiropotame. Java possède deux espèces du g. Sanglier, et les Moluques possèdent en propre le Babiroussa, comme le Cap et l'Abyssinie ont leurs Phacochères. Le Nouveau-Monde, si pauvre en Pachydermes, a pour représentants des Sangliers le g. Pecari. Quant au g. Cheval, il a deux centres d'habitation distincts, l'Afrique australe et les plateaux de l'Inde. Les Chevaux de l'Afrique ont tous le pelage zébré : tels sont les Dauws, les Couaggas et le Zèbre ; tandis que les Hémiones, les Anes et les Chevaux, animaux essentiellement asiatiques, ont le pelage uni et une raie le long du rachis.

On ne trouve de Pachydermes ni dans l'Amérique du Nord ni dans l'Australie, quoique les plus utiles de cet ordre, les Porcs et les Chevaux, réussissent sous toutes les latitudes, et puissent s'accommoder des climats les plus divers.

Édentés. Ces animaux, plus essentiellement américains, appartiennent aux régions tropicales des deux hémisphères. Le Brésil, le Paraguay, le Chili, sont la patrie des Paresseux, des Tatous, des Encouberts, des Apars, des Cabassous, des Priodontes, des Chlamyphores, des Fourmiliers. Les Indes, Ceylan et Java nourrissent deux Pangolins, qui représentent les Tatous de l'Amérique, et l'Afrique en possède une espèce. Le Cap a en propre l'Oryctérope.

Les Édentés ne se trouvent ni en Europe, ni dans l'Amérique septentrionale, ni dans l'Australie, et leur habitation est encore plus limitée que celle des Quadrumanes.

Rongeurs. Les animaux de cet ordre sont pour la plupart de petite taille, et c'est parmi eux que se trouvent les plus petits d'entre les Mammifères : tels sont les Campagnols et les Souris. Ils sont répandus dans toutes les parties du globe, mais affectionnent surtout les contrées chaudes des deux continents. Certains genres, tels sont les g. Écureuil, Rat, Campagnol, Lièvre, Lemming, Gerboise, sont les plus nombreux en espèces ; et à l'exception des Gerboises, qui sont des animaux d'Asie et d'Afrique, ils sont répandus dans toutes les régions.

L'Europe ne possède en propre aucun genre ; ses Rongeurs se trouvent sous les mêmes formes spécifiques en Asie : tels sont les Souslicks, les Sciuroptères, les Zizels, les Lemmings, les Hamsters, les Bobaks, etc., et c'est par les contrées boréales de l'Asie que s'établit la filiation ; d'un autre côté elle a ses genres asiatico-africains : tels sont les Loirs, les Rats, les Campagnols, les Lièvres. Le genre Écureuil forme deux grandes tribus : les Funambules, purement indiens et madécasses, et les Spermosciures africains. Les Écureuils vrais sont surtout américains, et représentés dans les deux Amériques par des espèces particulières. L'Amérique possède même l'Écureuil vulgaire d'Europe. Les Tamias sont de l'Amérique du Nord ; et à part le Souslick, qui est de l'Europe et de l'Asie, tous les autres sont de l'Amérique boréale. L'île de Madagascar a en propre, outre ses Funambules, le Chiromys ; le Cap a ses Dendromys ; les Graphiures, les Otomys, les Euryotis, les Sténodactyles, les Bathyergues, les Georiques, les Helamys, les Gerboises, sont propres à l'Afrique et à l'Asie septentrionale ; les Gerbilles, plus communes en Afrique, sont répandues dans toute son étendue, depuis l'Égypte jusqu'au Cap et au Sénégal.

L'Océanie n'a que peu de Rongeurs : tels sont les Sciuroptères, des Taguans, des Écureuils, une espèce de Rat-Taupe, mais elle n'en possède aucun g. en propre. Les g. de l'Amérique du Sud lui sont souvent communs avec l'Amérique boréale : tels sont les Pinemys, les Rats, les Lièvres, les Cobayes, mais cette partie du nouveau continent est la patrie des Guerlinguets, des Échimys, des Sigmodons, des Ctenomys, des Myopotames, des Chinchillas, des Cabiais, des Acoutis, des Maras, des Pacas et des Coendous. L'Amérique du Nord a en commun avec l'Europe des Castors, et en propre des Ondatras, des Diplostomes, des Geomys, des Saccomys. On ne trouve à la Nouvelle-Hollande que les Hydromys, les Pseudomys et les Hapaltis, les seuls Rongeurs que possède ce continent.

Marsupiaux. Les animaux à bourses sont propres surtout à la Nouvelle-Hollande, qui possède seule les trois quarts des Marsupiaux connus. Le centre d'habitation des animaux de cet ordre est l'Australie, qui a ses représentants dans l'Océanie et l'Ancien-Monde. Les genres Thylacine, Myrmécobe, Phascogale, Dasyure, Peramèle, Kangouroo, à l'exception du Pelandoc, qui est un Kangouroo douteux, le Koala, le Phascolome, l'Échidné et l'Ornithorhynque, sont propres à l'Australie seulement. La Nouvelle-Guinée est la patrie d'une autre espèce de Kangourou, le Potourou ourson. L'Océanie a ses Couscous, représentés dans les Terres australes par les Trichosores; et l'Asie orientale n'a qu'un seul Marsupial, le Pétauriste à joues blanches.

On ne trouve dans le nouveau continent aucun des animaux à bourse propres à l'ancien; ils y sont remplacés par les Chironectes et les Didelphes, qui sont propres au Brésil, à la Guiane et au Paraguay, excepté l'Opossum, qui est de l'Amérique du Nord. On ne trouve de Marsupiaux ni en Europe ni en Afrique; cependant on peut regarder les Gerboises comme les représentants des Kangouroos.

Carnassiers. Les animaux de cet ordre sont répandus sur tous les points du globe avec une sorte d'égalité proportionnelle entre les diverses régions géographiques; les contrées méridionales sont les plus riches en Carnassiers de toute taille, et, sous ce rapport, ils confirment la loi de dégradation des formes établie par Buffon : ainsi les Lions, les Tigres et les grands Carnassiers terrestres habitent l'Ancien continent, les animaux du genre Chat propres au nouveau monde sont d'une moindre taille. Les Ours, moins franchement carnivores, et qui sont répandus dans les régions les plus froides

ainsi que dans les plus brûlantes, font exception à la loi, ceux des montagnes froides et élevées et des hautes latitudes sont de grande taille. Quant aux Carnassiers marins, ils suivent la loi : le peu d'élévation de la température n'empêche pas leurs formes de se développer.

Les plus petits animaux de cet ordre sont les Martes et les Genettes; quoique dans les genres Chat et Chien, il se trouve des espèces d'une très petite taille, tels sont les Corsacs, les Fennecs, les Chats de Java, Ganté, etc.

Les genres les plus nombreux en espèces et autour desquels viennent graviter une foule d'animaux de formes souvent très variées qui offrent autant d'intermédiaires, sont, dans l'ordre de leur importance numérique : les genres Chat, Chien, Marte, Phoque, Loutre et Ours. En réunissant en une seule famille les Viverriens qui sont de forme assez dissemblable pour avoir nécessité plusieurs coupes génériques, on trouve encore un groupe considérable.

Les Mammifères cosmopolites ou d'une diffusion étendue sont : l'Ours commun, qui se trouve à la fois en Europe, en Afrique et en Amérique; l'Ours noir, qui a l'Amérique du Nord pour centre d'habitation et s'étend jusqu'au Kamtschatka. Le genre Marte a pour espèce à vaste diffusion la Zibeline qui se trouve dans l'Europe, l'Asie et l'Amérique septentrionale, la Fouine qui est répandue de l'Europe jusque dans l'Asie occidentale. Le Loup, répandu dans toute l'Europe, paraît exister sous la même forme spécifique dans l'Amérique du Nord, mais on remarque en général que chaque région, et dans chacune d'elles chaque station présente sous le rapport des différences spécifiques une variabilité fort grande. La Genette commune a pour patrie l'Europe tempérée, l'Afrique australe et l'Asie méridionale. L'Hyène rayée se trouve depuis la Barbarie jusqu'au Sénégal et en Abyssinie, et de la Perse aux Indes. Le Lion, quoique présentant des variations dans les caractères extérieurs, s'étend de l'Atlas au golfe de Guinée, descend vers le Cap, passe en Arabie, en Perse, et se retrouve jusque dans les Indes. Le Lynx d'Asie se retrouve dans l'Amérique septentrionale, le Chat-Botté, en Égypte, au Cap et dans l'Asie méridionale, le Guépard en Afrique, aux Indes et à Sumatra. Le Phoque à trompe habite à la fois les mers du Chili et de l'Australie, le Morse, l'océan Atlantique austral et l'océan Pacifique. Mais la diffusion a lieu en général sur une même ligne sans grand changement dans les milieux, le Mink seul s'étend de l'océan Glacial à la mer Noire.

L'Europe n'est pas la région la plus riche en Carnassiers : elle possède trois Chiens, six Chats et neuf Martes, et depuis les mers du Nord jusque dans l'Adriatique, six espèces de Phoques.

De toutes les régions, l'Afrique est celle qui possède le plus de Carnassiers. Si l'on en excepte les animaux à forme de Raton, presque tous les genres y sont représentés ; elle possède le Ratel, le Protèle et le Suricate du Cap, l'Euplère de Madagascar, et le genre Hyène, qui présente trois formes spécifiques, existe en Afrique sous deux formes propres. Le Lion, quoique répandu dans l'Asie occidentale, n'en est pas moins un animal africain. La Panthère et le Léopard y représentent le Tigre, et les divers Caracals, les Lynx. Le Chacal est le Loup d'Afrique, le Cap et le Cordofan possèdent les Fennecs, ces animaux étranges qui ne sont que des Renards à grandes oreilles ; et le *Canis pictus*, qui a une forme hyénoïde. Les Chiens dont on a formé le g. *Cynictis*, sont du Cap et de Sierra-Leone.

Le continent asiatique présente quelques formes qui lui sont communes avec l'Afrique ; mais il a ses Benturongs, ses Pandas, ses Arctonyx. Les espèces du g. Marte qui lui sont propres appartiennent à la partie septentrionale de ce continent ; les Paradoxures sont les formes correspondantes à celles de l'Océanie ; plus riche en espèces du g. Chien que l'Afrique, elle n'a que peu de Renards. Quant au g. Chat, il possède, comme représentant du Lion, le Tigre royal, et a dans les formes inférieures la Panthère des Indes et l'Once ; ses Caracals correspondent à ceux de l'Afrique. Quant aux Mammifères marins, ils sont rares, les mers de l'Inde ne nourrissent que le Choris.

L'Océanie vient après l'Europe pour le nombre de ses Mammifères, et les g. Chat, Genette, et Paradoxure, deux espèces du g. Chien, trois Loutres, deux Ours, forment le fond de sa Faune. Elle a en propre les g.

Mydas et Mélogale, et partage avec la Chine le petit g. Hélictis.

L'Amérique méridionale a le fond de sa Faune composé d'espèces des g. Chat, Marte et Loutre. Le Jaguar, le Puma, le Jaguareté, l'Ocelot, le Margay, y remplacent les Chats tigres de l'ancien continent. Les deux uniques Chiens sont l'Agouarachay. Les animaux caractéristiques de sa Faune sont : le Kinkajou, les Gloutons, les Moufettes. Ses mers nourrissent les Phoques-Home et à trompe, et cinq espèces du g. Otarie, sans compter celui de Forster qui lui est propre avec l'Australie. Les froides montagnes des Andes nourrissent une espèce du genre Ours.

L'Amérique ne possède en commun avec l'Europe que le Loup ; quant aux autres espèces de g., ils lui sont propres, et les deux seules espèces du Loup occidental et des prairies y présentent huit variétés. En revanche, elle n'a que trois Chats et six Lynx. Les espèces du g. Ours y sont au nombre de quatre. Le blanc, propre au Groënland, descend jusqu'en Europe, et le noir remonte jusqu'au Kamtschatka. Le Raton lui est commun avec l'Amérique du Sud. Elle possède deux Moufettes, encore celle du Chili remonte-t-elle jusqu'aux États-Unis, six Martes et trois Loutres. Les parties les plus septentrionales de ce continent, le Groënland et l'Islande, nourrissent six Phoques, et une espèce du g. Otarie descend jusqu'en Californie.

L'Australie n'a que deux Carnassiers terrestres du g. Chien, le Dingo et le Chien de la Nouvelle-Islande. On trouve dans les mers cinq Otaries, dont quatre lui sont propres ; et un Phoque qui lui est commun avec les côtes du Chili.

Insectivores. La diffusion des Insectivores, dont on connaît seulement un petit nombre d'espèces, présente peu de faits intéressants. L'Europe, mieux connue et plus minutieusement explorée, possède près du tiers des espèces qui composent cet ordre. Une seule, l'*Erinaceus auritus*, présente une vaste distribution, puisqu'il se trouve à la fois en Russie, sur les bords de la mer Caspienne et en Égypte. La Musaraigne pygmée se trouve à la fois en Prusse et en Perse. Les Musaraignes, assez nombreuses en espèces pour former plus de la moitié des êtres de cet ordre, ont des représentants sur tous les points du globe. Les genres purement européens sont : les Taupes, qu'un naturaliste américain prétend exister aux États-Unis, et les Desmans, dont une espèce habite les Pyrénées et l'autre la Russie. L'Afrique a ses Macroscélides et un Chrysochlore, dont une espèce se trouve à la Guiane, ce qui paraît assez étonnant, cet animal étant le seul que le nouveau continent possède en commun avec l'ancien. Madagascar a ses Tenrecs, les îles indiennes le genre Gymnure, qui paraît représenter en Océanie les Sarigues d'Amérique et les Péramèles d'Australie. Les Cladobates sont propres à l'Inde et aux îles de l'archipel Indien. Si l'on en excepte une Musaraigne qui se trouve à Surinam, le Chrysochlore rouge de la Guiane, et le genre Soledon, qui vit à Saint-Domingue, on ne trouve pas d'Insectivores dans la partie méridionale de l'Amérique. Les Condylures et les Scalopes sont de l'Amérique du Nord. On ne trouve aucun Insectivore dans l'Australie.

De tous les animaux de cet ordre, les Musaraignes, les Desmans et les Hérissons sont ceux qui s'élèvent le plus au Nord. Les autres sont propres aux parties tempérées ou tropicales du globe.

Cheiroptères. On compte dans cet ordre cinq genres principaux, nombreux en espèces, dérivant d'un même type de forme; ce sont les Roussettes qui ne se trouvent que dans les parties chaudes de l'ancien continent, et ne s'élèvent pas au nord en Afrique plus haut que l'Égypte; les Vespertilions, répandus sur tout le globe, et plus nombreux dans les contrées tempérées des deux continents que dans les pays tropicaux; les Oreillards, également cosmopolites, et dont la moitié est de l'Europe centrale et septentrionale; les Nycticées, dont la moitié appartient aux États-Unis, et une seule, la *N. siculus*, à la Sicile, et les Rhinolophes dont on ne trouve aucune espèce en Amérique.

Les seuls genres communs aux deux continents sont, outre les genres précités, les Nyctinomes; mais l'Amérique possède en propre les g. Proboscidées, Furie, Molosse, Noctilions, Phyllostomes, Vampires, etc. L'Amérique du Nord, moins riche en espèces que celle du Sud, n'en a pas qui lui soient

particulières, et elle partage avec l'Afrique le g. Taphisa.

L'Europe méridionale est la patrie du petit genre Dinops, qui n'a qu'une seule espèce.

L'Afrique a ses Rhinopomes, qui lui appartiennent en propre, mais elle a dans les autres genres des formes spécifiques particulières.

Madagascar n'a que deux Cheiroptères qui lui soient particuliers, ce sont la Roussette à face noire et le Rhinolophe de Commerson.

L'Asie possède un grand nombre de Cheiroptères; mais après l'Amérique du Sud, l'Océanie est le pays où l'on en trouve le plus, les îles de la Sonde sont les seuls habitats des Acérodons, des Pachysomes et des Céphalotes, et tous les grands genres y pullulent sous les formes spécifiques les plus variées; elle a 14 Roussettes, 8 Vespertilions et 20 Rhinolophes.

La Nouvelle-Hollande ne possède en propre aucun Cheiroptère, elle n'a qu'une Roussette, un Oreillard et un Rhinolophe.

Quadrumanes. C'est aux parties les plus chaudes des deux continents qu'appartiennent les êtres de cet ordre, si élevé par ses formes, et qui, de l'Orang au Galéopithèque, représente toutes les dégradations de la forme quadrumane. Les forêts épaisses de l'Océanie et du continent asiatique, celles si brûlantes de l'Afrique et de l'Amérique méridionale, nourrissent une population nombreuse de Singes de toutes sortes. Mais on trouve dans les Quadrumanes trois systèmes bien distincts : 1° celui des Singes de l'Asie, de l'Océanie et de l'Afrique; 2° celui de l'Amérique méridionale; 3° la population quadrumane de Madagascar, qui se rapproche de l'Océanie par les formes de ses Lémuriens.

Sumatra, Bornéo, Java, nourrissent les plus grandes formes parmi les Quadrumanes, tels que les Orangs-Outangs, les Gibbons et les Semnopithèques. Ils sont souvent privés de queue, et ceux qui ont le prolongement caudal n'ont pas la queue prenante.

Les Macaques habitent les grandes îles de l'archipel indien, le Japon et les Indes.

L'Afrique a pour représentants sur ses côtes occidentales les Chimpanzés, qui y remplacent l'Orang-Outang; les Colobes sont originaires de ce continent. Les Guenons s'y trouvent sur toute la côte occidentale, au Cap et jusqu'en Nubie. Le Magot, qui appartient à l'Afrique, s'est propagé à Gibraltar, et on trouve le Gelada en Abyssinie. Les Babouins appartiennent à la partie septentrionale de ce continent; les Papions et les Mandrills sont de la côte occidentale, et le Chacma de l'Afrique australe.

Les Singes américains sans abajoues ni callosités, toujours munis d'une queue qui est souvent prenante, ne rappellent que par leur valeur zoologique les Singes de l'ancien continent. Ils sont tous de petite taille, et c'est là que se trouvent les pygmées de l'ordre, les charmants Ouistitis. La Guiane, le Brésil, le Pérou, sont le pays des Sapajous et des Sagouins.

Ces animaux sont donc concentrés sur le continent américain, dans les contrées brûlantes qui s'étendent à 15 ou 20 degrés de chaque côté de l'équateur.

Dans l'Asie et l'Océanie, leur habitation est également limitée, si l'on en excepte le Japon, qui n'en nourrit qu'une seule espèce, le Macaque à face rouge; encore cette île ne s'élève-t-elle qu'au 40°.

En Afrique, leur habitat s'étend de chaque côté de la ligne à 35° de latitude.

Madagascar, dont le voisinage est africain, et la population zoologique indienne ou océanienne, possède seule les Indris, les Makis, les Cheirogales. Elle partage avec l'Afrique occidentale, les Galagos; avec les Moluques et Amboine, les Tarsiers; et c'est dans les îles de la Sonde et toute la Malaisie que sont répandus les Galéopithèques, qui sont de véritables Lémuriens.

On ne trouve de Quadrumanes ni en Europe, ni dans l'Amérique du Nord, ni dans l'Australie. Cet ordre occupe donc sur le globe une zone assez restreinte.

De l'espèce humaine. A la tête des êtres qui couvrent la surface du globe se trouve l'Homme. Comme les autres animaux, il subit l'influence des modificateurs de tous les ordres, et malgré son unité apparente et la propriété dont il jouit seul parmi les êtres organisés d'être toujours fécond, malgré tous les croisements imaginables entre les races les plus opposées, il présente des variétés sans nombre; les unes profondes et constituant des types; les autres plus superficielles et paraissant de simples variations locales du type générateur; d'autres, plus superficielles encore, et n'étant que de simples jeux des races de même couleur, mais présentant néanmoins des dissemblances physiognomoniques assez grandes pour être toujours reconnaissables.

Le fait dominant qui caractérise avant tout l'espèce humaine est le cosmopolitisme. On trouve l'homme et toujours l'homme, le même, identique à lui-même, malgré ses modifications extrêmes, ce qui paraît répondre à cette loi que l'unité prend un caractère ascendant à mesure que les êtres se perfectionnent, depuis le pôle boréal jusqu'au pôle austral, et du bord de la mer aux plateaux les plus élevés : ce qui n'a lieu que pour lui; et si j'ai émis une idée qui semble paradoxale, celle de l'antériorité du Singe sur l'Homme, de son ordre de primogéniture, je n'ai pas entendu dire que l'Homme fût un Singe spontanément transformé; c'est seulement, suivant moi, le chaînon qui, dans l'ordre d'évolution des Mammifères, rattache l'Homme aux groupes inférieurs; et, d'après les principes rigoureux de la loi d'évolution, la manifestation organique appelée Homme a nécessairement dû passer par le plus élevé des Quadrumanes, ce qui le relie à cet ordre d'une manière étroite et indissoluble. Une grave question qui ne peut être discutée ici, mais qui y trouve accessoirement place, est celle de l'intelligence, qui établit entre le Singe et l'Homme une barrière infranchissable. Il faut une réflexion sérieuse pour voir dans les deux séries parallèles l'intelligence croître et décroître; et certes, ce que nous avons décoré de ce nom n'est autre que la faculté qui met l'individu plus intimement en rapport avec le monde extérieur. Nous n'en sommes plus au temps où l'on discutait sérieusement sur l'âme des bêtes, et où l'on distinguait subtilement les actes de sensibilité des uns et ceux de l'autre. On retrouve dans l'intelligence, dont le degré inférieur est l'instinct, des nuances on ne peut plus multipliées, et l'on ne peut y avoir égard pour grouper les êtres; les vérités applicables aux vertébrés manquant pour les invertébrés, qui paraissent se développer parallèlement et former deux plans voisins : 1° les animaux à système nerveux central, les plus obtus de tous ; 2° ceux à système nerveux longitudinal, sans prédominance ganglionnaire bien décidée, mais qui présentent les mêmes dissemblances intellectuelles que les vertébrés entre eux, et n'en semblent différer que par leur système musculaire intérieur, leur système osseux extérieur, et la transposition des organes splanchniques et du centre nerveux. Ainsi le poisson, vertébré à sang froid, à circulation normale, doué d'un système nerveux avec ganglions encéphaliques, est certes bien au-dessous des Hyménoptères, parmi lesquels l'intelligence a acquis le maximum de son développement. Il ne faut donc voir que l'évolution des formes générales par grands groupes : c'est pourquoi les détails infimes tuent toute la science et la décolorent.

L'Homme présente cela de particulier, c'est que, tandis que les animaux ont chacun leur instinct et leur industrie, il n'a rien de tout cela ; ses mœurs ne sont pas fixes et varient de nation à nation. Les animaux sont soumis à un ordre social déterminé ; les Fourmis de tous les âges ont eu les mêmes lois ; les Abeilles et les Guêpes ont fait de tout temps leur nid de la même manière ; les ruses qu'ils emploient pour surprendre une proie sont les mêmes, et les pièges auxquels ils succombent le sont aussi. L'Homme, au contraire, a un ordre social artificiel, bon aujourd'hui et mauvais demain ; il a des lois naturelles qu'il connaît et devrait comprendre, les seules qu'il dût suivre ; mais, bien loin de là, la société humaine réunie, non pas, comme on l'a prétendu, en vertu d'une convention première, mais seulement par l'effet de l'instinct de la sociabilité, qui lui est propre comme à tant d'autres animaux, échafaude des lois factices, vit en maugréant contre les entraves qu'elle s'impose, et le mal vient de ce qu'elle se refuse à comprendre par orgueil que, comme les autres êtres, elle est soumise à la loi de la force, la seule qui domine en dépit des conventions. Comme tous les autres aussi, elle a déjà subi des modifications ascendantes, et la race blanche, qui, dans l'ordre évolutif, doit être le perfectionnement de la race noire en

passant par la jaune, se perfectionnera sans doute à son tour jusqu'à ce que des conditions d'existence nouvelle amènent aussi sa transformation. Ce n'est pas sans une certaine apparence de raison que les anciens disaient que le Microscome est l'image du Macroscome ; en effet, l'Homme résume, sous le rapport organique, tout ce qui est au-dessous de lui ; et, quelle que soit la portée de son intelligence suivant les races, il domine partout et règne en maître sur la nature organique ou inorganique.

Les anthropologistes ont d'abord classé le genre Homme sous un petit nombre de chefs, puis ces coupes devenant de jour en jour plus nombreuses, ont fini par une véritable méthode pleine de confusion et d'incertitude. En étudiant attentivement les trois grandes modifications que présente l'espèce humaine, on y reconnaît trois types primordiaux qui ont joué à l'infini, et, comme les animaux sauvages, présentent des nuances sans nombre. Ces trois types sont la race Noire, la Jaune et la Blanche. Sont-ce trois rameaux d'une même souche, ou bien trois manifestations organiques distinctes nées chacune dans un centre particulier et confinées, comme les autres animaux, dans un habitat particulier ? Je pense que non, et que la loi d'évolution est également applicable à la race humaine. Les trois types sont donc la transformation d'un type primitif et unique qui ne s'est pas métamorphosé au milieu des circonstances ambiantes actuelles, mais à l'époque où s'opéra, parmi les êtres organisés, la révolution qui a donné aux animaux de notre époque la figure qu'ils ont actuellement. Les travaux des anatomistes ont révélé des différences essentielles dans les caractères zoologiques des races, et il est constaté par leurs recherches les plus attentives, que dans la race noire la masse encéphalique est moins volumineuse, et que les nerfs sont plus gros à leur origine, ce qui leur est commun avec les Quadrumanes ; que le sang a une couleur plus foncée ; et l'on dit même avoir remarqué dans le fluide fécondateur une coloration noirâtre, qui expliquerait la présence dans toutes les parties de l'organisme d'éléments mélaniens. Nous avons vu que les parasites du nègre diffèrent aussi de ceux du blanc, ce dont on peut se rendre compte par l'odeur particulière qu'exhalent les individus de cette race, ce qui indique une constitution chimique particulière dans les produits de la transpiration. Quant aux Hommes de la race jaune, ils diffèrent moins de la caucasique; cependant on trouve chez eux la gracilité des membres pelviens, et en général une moins grande harmonie dans les formes.

La première variation du type primitif est la race noire. Ses cheveux sont crépus; sa structure rappelle encore celle des grands Quadrumanes; sa tête est petite et déprimée, son intelligence obtuse, ses appétits physiques véhéments; son ordre social est brut, son industrie nulle, et partout où elle se trouve en contact avec une race d'autre couleur, elle est dominée.

Dans ses constitutions politiques dites patriarchales, les plus despotiques de toutes, les individus sont considérés comme rien, et l'on retrouve à peine, chez beaucoup d'entre eux, le lien des parents et des petits. La femme n'y a pas place près de l'Homme comme sa compagne; c'est la femelle brute d'un mâle plus brut encore qu'elle. On trouve fréquemment chez eux la polygamie, mais sous une forme qui ne ressemble en rien à celle des voluptueux Orientaux.

C'est la réalisation de la supériorité définitivement établie du mâle sur la femelle, supériorité qui se manifeste de plus en plus, à mesure qu'on remonte dans la série animale; car vers le bas de l'échelle, les femelles acquièrent une importance prépondérante, et les mâles annihilés sont réduits à l'état de simple appareils fécondateurs.

Ses institutions religieuses sont celles des hommes primitifs, le fétichisme, la religion de la peur; leurs prêtres sont des sorciers; et ce qui les distingue des autres races, c'est que tandis que chez nous les préjugés sont laissés au peuple, chez eux ils sont le partage de tous; et ceux qui s'élèvent le plus haut vont jusqu'à l'idée monothéiste, mais jamais jusqu'à la philosophie. On a conservé le nom de quelques noirs célèbres; mais leur esprit n'est jamais créateur : la plupart apprennent, retiennent, imitent, enseignent, sans aller au-delà. Le seul état noir organisé sous l'influence des idées de l'Europe, Haïti, prouve, par l'imperfection de sa constitution et le misérable état intellectuel du peuple, à part quelques rares exceptions,

que les institutions sérieuses de la race caucasique ne peuvent convenir aux peuples de la race noire. Mais l'infériorité d'une race ne justifie nullement la domination despotique d'une race privilégiée; et sans tomber dans la sensiblerie des négrophiles, qui ne voient pas, les aveugles qu'ils sont, qu'à leur porte languissent dans nos cités des esclaves blancs tout aussi dignes de compassion, on doit improuver l'esclavage qui a fait d'un homme la propriété d'un être de son espèce.

Leurs langues sont aussi pauvres que leurs idées sont bornées; elles ne sont pas fixées par l'écriture, et il n'existe aucun monument littéraire de leur histoire : tout en eux annonce l'infériorité de la race.

Le type de cette race a son centre d'habitation sur la côte occidentale de l'Afrique, où ses plus tristes représentants sont les malheureux nègres de la Sénégambie, de la Guinée, du Congo, du Loango, de Benguela, de Dambara, et sans doute aussi dans tout le centre de ce continent, c'est-à-dire du 15e degré de latitude N. à l'Équateur, et de l'Équateur au 25e degré de latitude S. Au N.-E. commence une race moins noire, à cheveux plats, qui n'est peut-être qu'une variété de croisement. Toute la partie orientale de l'Afrique est encore peuplée par des Hommes de couleur foncée, mais sans avoir tous les caractères du nègre. C'est sans doute encore une nation mêlée, due au croisement de la race primitive avec le rameau indien ou araméen, et tous les récits des voyageurs concordent à établir que c'est une race métive. Au reste, les monuments de son industrie, ses mœurs, ses institutions, si semblables à celles des anciens Indiens, indique assez l'intervention d'une race de couleur plus claire, qui s'est imposée aux aborigènes. Au sud de ce continent, les races cafres et hottentotes présentent deux variétés du noir; brute chez ces derniers, ennoblie chez les autres, elle est encore née du croisement accidentel de races éloignées, et partout où nous trouvons une déviation au type primitif, nous pouvons croire au croisement ou à son établissement dans la région qu'elle occupe actuellement par suite de migration.

En suivant cette race à travers le globe, on trouve qu'elle existe dans la plupart des Moluques, dont beaucoup d'habitants, quoique noirs, sont à cheveux plats. Madagascar renferme aussi des Nègres, mais déjà en partie croisés avec la race indienne, car beaucoup ont les cheveux longs et lisses. Les Papous se rapprochent des Madécasses, et peuplent les Nouvelles-Hébrides, la Nouvelle-Calédonie, la Nouvelle-Hollande, etc. A la Nouvelle-Guinée on trouve encore des Nègres, mais évidemment croisés avec la race malaise.

Les peuplades qui habitent la terre de Van-Diémen sont encore des Nègres; mais ils présentent une grande similitude avec les Papous.

Les peuples de la Nouvelle-Zélande sont noirs, mais leurs cheveux sont lisses; et à part les circonstances où le croisement des races a amené une modification dans la nature du système pileux, la climature seule aurait pu modifier la chevelure des peuples soumis à l'influence d'un milieu moins brûlant. On peut donc dire que les contrées tropicales sont le centre d'habitation d'une race, primitive sans doute, qui a pour caractères : la peau noire, les cheveux crépus, l'angle facial très peu ouvert, et une intelligence encore peu développée.

On remarque entre autres traits caractéristiques de cette race, que l'anthropophagie lui est familière, et qu'elle persiste comme une simple dépravation du goût. Rien ne différencie plus une race que cette absence complète de sentiment de fraternité qui unit les hommes les uns aux autres par le lien étroit de la sympathie.

Après la race noire et rejetée au bout de l'Asie vient la race jaune, dont le centre d'habitation est la partie orientale de l'Asie jusqu'en-deçà du Gange : tels sont les Chinois, les Japonais, les Mongols, les Coréens, les Birmans, les Siamois, les habitants du Tonquin, de la Cochinchine, de Siam, du Laos, de Camboge, et au nord toute la partie de l'Asie qui s'étend du centre de ce vaste continent, à partir du fleuve Hoang-Ho, jusqu'à l'océan Glacial, c'est-à-dire du 15° de latitude N. jusqu'au 75°.

La couleur de la peau des Mongols varie du brun au jaune. Très foncée dans les régions brûlantes, elle passe au jaune clair dans les régions froides; mais sans jamais passer au blanc. Les caractères de ces peuples sont : un visage osseux, des pommettes

saillantes, un nez assez large, l'œil plus proéminent que dans la race caucasique, les lèvres grosses, les cheveux noirs et lisses, la barbe rare, les yeux étroits et obliques dans la race type, et l'angle facial plus ouvert que le Nègre, mais pourtant pas tant encore que l'Européen.

L'intelligence de ces peuples, si avancés sur plus d'un point dans la civilisation, présente à l'esprit l'exemple frappant d'un état stationnaire inexplicable. Avec des formes gouvernementales despotiques, et des institutions fausses et ridicules sur tant de points, ils ont, sur beaucoup d'autres, une supériorité incontestable sur la race caucasique. Mais on trouve encore chez eux ce qui existe à un degré bien plus prononcé chez le Nègre; c'est l'annihilation complète de l'individu que compriment de tous côtés les institutions qui l'entourent. On ne trouve nulle part, dans leur histoire, de révolutions émancipatrices, de tentatives d'affranchissement, ni d'idées républicaines. Ils sont nés pour le joug de la monarchie despotique; aussi leur ordre social est-il pour ainsi dire mécanique. Tout y est calculé, prévu, et l'homme pris à son berceau et suivi jusqu'à la tombe ne parle, ne pense, ne boit, ne mange, ne vit enfin que d'après des règles prescrites. C'est ce qui différencie encore la race jaune de la blanche, et ces vices sont le caractère dominant des institutions des deux plus grandes nations de l'Asie, les Chinois et les Japonais. Si cependant on compare l'état des sciences et des arts chez les peuples de la race jaune avec celui des deux races voisines, on y reconnaît une supériorité incontestable sur la race noire; il semblerait même que notre petite Europe ait reçu d'elle les éléments de sa première industrie. Des villes grandes, populeuses, embellies par des monuments d'un style original, des voies de communications ouvertes entre les diverses parties des États, les moyens ingénieux de suppléer à la faiblesse humaine, annoncent dans cette race une haute puissance intellectuelle.

On n'y voit plus, comme dans la race noire, des peuples chasseurs et pasteurs; mais une agriculture fondée sur le besoin de l'échange des produits, et leur mise en œuvre par des ouvriers habiles, enfin ce qui constitue la civilisation, mais avec une barrière infranchissable, qui tient sans doute au caractère propre à cette race.

Chez les peuples de la race jaune, la femme est encore esclave, et mutilée par jalousie chez les uns, qui sont monogames ; considérée par les polygames comme un instrument de plaisir, elle n'exerce aucune influence sur le développement intellectuel des enfants, et vit confinée dans des sérails. Dans la variété à peau rouge, la femme est esclave, ce qui tient à un état social naissant, où le plus faible subit la loi du plus fort sans l'intervention des institutions.

Leurs idées religieuses, empreintes de polythéisme, se sont élevées jusqu'au monothéisme fanatique, quoique l'on trouve chez les Chinois et les Japonais une tendance à l'idée philosophique pure, et ces triples formes se sont perpétuées identiques à travers la race entière.

La race jaune a envoyé au nord des rameaux qui se sont jetés à l'occident, en Europe où ils ont formé les races lapones, et à l'orient les Esquimaux. Quant à la race américaine, elle est, de l'opinion de la plupart des anthropologistes, due à des migrations de la race jaune. La peau des peuples de ces contrées est cuivrée, leurs cheveux sont lisses et de couleur noire, leur barbe est rare, leur œil relevé vers la tempe, leurs pommettes saillantes, etc. La couleur de la peau n'est pas un obstacle à ce que cette race soit descendue des Mongols, puisque nous y trouvons les nuances les plus variées du jaune au brun. D'un autre côté, les deux peuples les plus civilisés, les Mexicains et les Péruviens, vivaient sous des institutions qui rappellent, chez les premiers surtout, les formes despotiques des Mongols, mêlées à un patriarchalisme plus développé chez les Péruviens, et qu'on retrouve dans les premiers temps de l'histoire des Chinois.

Il paraît s'être produit en Amérique ce qui a eu lieu ailleurs. C'est l'apparition à un point donné de la civilisation d'une nation barbare, d'une colonie venue d'un pays plus civilisé, et qui imposait aux Aborigènes leurs mœurs et leurs institutions, et finissaient par former en vertu d'un consensus universel une caste dominatrice.

Leurs langues, quoique variées à l'infini, sont encore réduites à des combinaisons in-génieuses, mais très compliquées. On y trouve la forme monosyllabique et le système graphique si imparfait de l'idéographie. Chez les peuples de la race mongole, les idiomes sont complexes comme l'écriture. Les Aztèques avaient, comme les peuplades de l'Amérique du Nord, une écriture composée de rébus, et les Quipos des Péruviens sont encore une preuve de l'infériorité intellectuelle de ces peuplades. Quant, au reste, les langues ne sont pas fixées par l'écriture, elles sont d'une instabilité que rien n'arrête et sont susceptibles de se métamorphoser complètement, surtout quand ont lieu des croisements et des mélanges. Ce sont les peuples chez lesquels on trouve des monuments historiques de la plus haute antiquité, mêlés à des fables absurdes et des récits mystérieux.

Bien des siècles se sont écoulés depuis l'établissement des sociétés de la race jaune ; et quand nous voyons notre société caucasique incessamment remaniée, dans l'Asie orientale rien ne bouge, tout reste immobile, les hommes et les choses ; et les seules commotions sont des envahissements par des masses de peuplades armées, irruptions sauvages qui perturbent pour un instant, puis tout rentre dans l'ordre accoutumé. Qu'est-il resté des vastes empires des Timour-Langh et des Tchingis-Khan ? Ils sont tombés avec ceux qui les avaient créés. Qu'est-il resté des invasions d'Attila ? Rien que le vague souvenir du bruit qu'elles ont produit.

La souche caucasique, dont le centre d'habitation est l'Europe, et la partie occidentale de l'Asie jusqu'à la mer d'Aral, c'est-à-dire au 50° de latitude N., est le plus grand perfectionnement actuel de la race humaine. On y trouve réunis les deux attributs qui constituent la supériorité des races, la beauté et l'harmonie des formes, et le développement de l'intelligence. Comme toutes les autres, elle présente des variétés nombreuses, et touche par plus d'un point aux races voisines. Ses caractères sont : une harmonie complète dans le rapport des membres ; la peau blanche et fine ; l'œil grand et ouvert ; les cheveux longs et fins ; le système pileux très développé ; l'angle facial ouvert ; le front élevé, et la partie antérieure de la tête plus développée que la partie occipitale. Elle offre deux types bien tranchés : la race blanche à

7

cheveux blonds et à yeux bleus, et la race blanche à cheveux et yeux noirs. La première, originaire de l'Asie centrale, est une simple variété climatérique, et rien n'annonce une grande prédominance sur la race à cheveux noirs, qui est évidemment le type primitif, et habite les contrées méridionales où elle a la peau plus chaudement colorée. On peut donc regarder la variété albine de l'espèce humaine comme bien supérieure à la mélanienne, et tout annonce en elle la suprématie de l'intelligence. Toutefois, elle joue encore assez dans sa couleur : blanc pure chez les Européens et certaines nations asiatiques, plus brune chez les peuples de l'Arabie et de l'Asie-Mineure, elle passe par toutes les nuances du brun à l'olivâtre dans les races malaises, qui se rapportent presque complétement à la race indienne.

L'angle facial de cette race est de 85 degrés, et aucune ne rivalise avec elle pour la portée de l'intelligence. Seulement on remarque qu'elle ne jouit de ces avantages que dans les contrées européennes : plus elle se rapproche des autres races avec lesquelles ont eu lieu des croisements multipliés, plus elle perd de sa supériorité.

Le caractère de cette race est sa domination absolue sur toutes les autres. Elle a fait des esclaves de la race noire, et pour elle le nègre est devenu une bête de somme, ne se regimbant contre le joug tyrannique qu'on lui impose que comme l'animal irrité d'un mauvais traitement, mais sans conscience de ses droits. Elle a fait des tributaires des peuples de la race jaune chez lesquels elle a pu s'établir, et les gouvernants des grands États de l'Asie orientale n'ont pu soustraire leurs sujets à la domination de la race blanche qu'en lui fermant l'entrée de leurs états.

Elle a éteint presque complétement la race rouge qui recule de plus en plus devant la civilisation devenue pour elle un poison mortel ; elle a dominé et exploité à son profit les rameaux indiens et araméens de la race blanche qui lui sont inférieurs en idées sociales. Cette race privilégiée est la seule dans laquelle l'individu ait une valeur véritable, et où il soit réellement compté pour quelque chose dans l'ordre social. Dans le rameau européen de la race blanche, la femme s'assied près de l'homme,

comme sa compagne, jouit de la confiance et de la liberté, partage avec lui l'éducation des enfants et marche vers une sage émancipation. Les enfants appartiennent plus à l'État qu'à leur père ; protégés par les lois, ils sont arrachés à la domination brutale de la famille ancienne et, dès leur enfance, traités comme des êtres qui prendront un jour place dans la société.

C'est dans la race blanche que se trouve le développement le plus complet des sciences qu'elle a reçues en germe des peuples antiques et agrandies au point d'en être la créatrice ; son industrie s'est élevée aussi haut qu'il lui a été permis d'atteindre, si l'on réfléchit à la jeunesse de la société européenne.

Les religions de la race caucasique tendent toutes à l'unité monothéiste, et, chez la plupart des nations européennes, elles ont passé à l'état d'institutions, et ont perdu leur caractère mystique et leur puissance despotique. A côté de la religion, vient s'asseoir la philosophie, qui discute toute chose, croit, nie, affirme ou doute suivant que la raison l'y porte ou l'en détourne.

Pourtant, malgré la supériorité de la race caucasique, l'unité individuelle, encore bien comprimée, est loin d'occuper au sein de la société humaine la place qu'elle y doit avoir un jour ; car l'idéal de la constitution est le bonheur de l'individu au milieu du tout sans qu'il en résulte de perturbation dans l'association ; et les luttes qui ont ébranlé le monde européen depuis trois mille ans n'ont eu d'autre but que la conquête des droits des individus. Le rameau celtique et le pélagique sont les seuls qui aient présenté des tentatives non interrompues pour arriver à un état démocratique, et qui aient eu des sociétés entières fondées sur ce principe. Sans cesse dans la voie du progrès, le rameau européen a hérité des peuples caucasiens de l'Asie ses premières institutions qu'il a développées, ou pour mieux dire créées ; et du petit coin occidental de l'Ancien-Monde où il est relégué, il pèse sur le monde entier de tout le poids de la puissance du génie.

Ses langues sont claires et précises, toutes s'écrivent et laissent des monuments durables ; enfin c'est d'elle que doit venir la race perfectionnée, destinée à être peut-être, le dernier effort de la plasticité du globe, et la plus haute manifestation de l'organisme animal.

Les trois principaux rameaux de cette grande souche, ceux dits indien, araméen et malais, sont des races qui ont servi de transition pour arriver à la race blanche pure ou des jeux de cette même race, enfermés dans le cercle tracé par leur organisation, et destinés à être absorbés par le rameau le plus intelligent; car, chez eux, il ne se trouve nulle part le même développement intellectuel que l'on remarque chez les Caucasiens d'Europe; et l'on y retrouve un rapprochement frappant avec la race jaune sous le rapport de l'état stationnaire de leurs institutions.

Le rameau indien est encore divisé en castes bien distinctes les unes des autres, sans qu'il y ait fusion entre elles; et, malgré la vivacité de son intelligence, il reste enchaîné par ses préjugés anciens. Le rameau araméen, si apte à jouir des bienfaits d'une civilisation avancée et qui a été si brillant au moyen-âge, est comprimé par des institutions religieuses qui l'étreignent et empêchent le développement de ses grandes qualités. On y remarque dans la branche juive la reproduction des idées stationnaires de la race jaune. Depuis près de vingt siècles, elle se trouve mêlée aux nations celtiques et pélagiques sans s'être fondue avec elle. Elle a conservé dans toute son intégrité son unité nationale au milieu des persécutions sans nombre. Le rameau européen, si souple, si flexible, dont l'intelligence est si malléable, s'identifie seul avec tous les milieux sociaux, et seul il a éprouvé à la fois les effets bons et mauvais d'une civilisation avancée.

Ainsi, malgré les coupes nombreuses faites dans l'espèce humaine, elle se divise évidemment en trois races bien distinctes avec de nombreuses variétés, soit purement locales, soit venues du croisement des diverses races entre elles. Les recherches anthropologiques fondées sur la linguistique sont de bien mince valeur, et conduisent trop souvent à des conséquences ridicules pour qu'on ose s'y arrêter. Depuis l'apparition de l'homme sur la terre, mais brut et inintelligent comme certaines races mélaniennes, combien de générations ont passé! et parmi celles qui se sont succédé depuis les temps historiques, combien peu ont laissé de traces! Nous cherchons en vain à déchiffrer l'histoire de l'humanité sur quelques inscriptions frustes, éparses dans tous les coins du monde. Sous ce rapport comme sous tous les autres, on ne trouve au bout de ces recherches que l'incertitude et le doute.

Il résulte de l'ensemble des faits réunis dans cet article, que les êtres enchaînés les uns aux autres par la loi de progression évolutive, se sont développés dans un ordre ascendant, et en affectant un certain nombre de formes générales qui se sont évoluées parallèlement, et de groupe en groupe, depuis les plus infimes jusqu'aux plus élevés, reproduisent l'ascendance dans des limites plus ou moins rigoureuses. Chaque ordre est le plus souvent l'image en petit de l'ensemble, et cette manifestation se continuant à travers toute la série, démontre qu'il ne faut pas chercher la méthode dans la série linéaire, mais dans la série parallèle, et prouve jusqu'à l'évidence le fond sérieux de l'idée de l'unité dans les éléments de composition organique. On y peut reconnaître l'influence des milieux sur le développement des êtres et le néant des idées de type spécifique absolu; car l'espèce n'y paraît qu'un jeu d'un type générateur autour duquel gravitent des formes secondaires ou tertiaires, dues à l'influence prolongée des modificateurs ambiants et des agents organisateurs, et l'on y peut reconnaître un rapport constant entre les milieux, et le développement des formes, qui rend imperceptible l'infusoire de la goutte d'eau et gigantesque l'animal qui vit au sein des mers.

Quant aux lois de répartition, elles nous échappent, et peut-être seront-elles toujours enveloppées d'obscurité. Mais dans l'état actuel de nos connaissances, avec l'absence d'unité entre les diverses branches de la science et l'arbitraire qui règne dans la classification des groupes et dans l'établissement des coupes génériques, il est impossible de présenter un tableau satisfaisant de la distribution des êtres à la surface du globe; il faut, avec les éléments existants, pour apporter dans cette branche de la science un coup d'œil philosophique, la synthétiser, et remplacer par une sage dictature le fédéralisme étroit qui, en ouvrant les portes aux médiocrités ambitieuses, en a fait un chaos dans lequel on n'ose plonger la vue sans éprouver un sentiment de pitié et de regret. Buffon, Linné, L. de Jussieu, Lamarck, Geoffroy Saint-Hilaire resteront à jamais les maîtres de la science, et ceux qui déserteront la voie que ces grands hommes ont tracée seront frappés d'impuissance et de stérilité.